POR AMOR AOS LUGARES

Do autor

O mito da desterritorialização
Regional-global
Viver no limite
Vidal, Vidais

POR AMOR AOS LUGARES

Rogério Haesbaert

1ª edição

Rio de Janeiro | 2017

Fotos da capa: Rogério Haesbaert (garoto em favela do Complexo do Alemão, mendiga tibetana, Corcovado no Rio de Janeiro e habitantes do Rajastão, na Índia)

Foto da p. 3: chorten Kumbum (ano 1427), monastério Palcho, Gyantse, Tibete.

Texto revisado segundo o novo
Acordo Ortográfico da Língua Portuguesa

2017
Impresso no Brasil
Printed in Brazil

Editoração: Futura

Design das imagens: Renan Araujo

CIP-BRASIL. CATALOGAÇÃO NA PUBLICAÇÃO
SINDICATO NACIONAL DOS EDITORES DE LIVROS, RJ

H499p

Haesbaert, Rogério
Por amor aos lugares / Rogério Haesbaert. — 1. ed. — Rio de Janeiro: Bertrand Brasil, 2017.
: il.

ISBN 978-85-286-2224-9

1. Geografia humana. 2. Cultura. I. Título.

17-44153 CDD: 304.2
CDU: 911.3

17/08/2017 22/08/2017

EDITORA BERTRAND BRASIL LTDA.
Rua Argentina, 171 — 2o andar — São Cristóvão
20921-380 — Rio de Janeiro — RJ
Tel.: (21) 2585-2000 — Fax: (21) 2585-2084

Atendimento e venda direta ao leitor: mdireto@record.com.br ou (21) 2585-2002

A todos aqueles que, na minha vida, fazem
diferença(s) — inclusive os lugares.

E a todos os amigos que, como Doreen e Maurício,
viajaram um dia comigo, deixando sua marca
amorosa na vivência de um sentido múltiplo de lugar.

Agradeço aos(às) amigo(a)s e companheiros(as)
de viagem — Chantal, Inès, Eduardo, José Carlos, Roberto,
Woody, João, Valter e Andrew — e aos tantos que
estimularam e/ou opinaram na realização deste livro,
como minha irmã Regina e as amigas Marie Ange,
Maria Lúcia e Ana Angelita.

SUMÁRIO

1
O LUGAR COMO ESPAÇO QUE FAZ (A) DIFERENÇA

Este é um livro de crônicas, de memórias, de relatos mais espontâneos, muitos deles de viagens, narrativas redigidas no calor das vivências, do contato direto com os outros e seus lugares, da história presentificada e da geografia materializada que, ao mesmo tempo que se anunciam, também estão se/nos transformando. Todos nós sabemos que nenhum relato é apenas presente, pois, no momento em que este é re-conhecido, já se tornou passado, assim como a fixação material não passa de aparente estabilidade, movendo-se mesmo que a imaginemos parada e, como já reconhecia Marx, especialmente sob o capitalismo, muitas vezes é o próprio sólido que parece se dissolver no ar.

Mas também é claro que nem tudo se dissolve pelo poder de uma entidade macro, global — e por isso demasiado abstrata —, chamada capitalismo; ou melhor, são múltiplas as fontes e as velocidades dessa transformação, porque múltiplos são os dispositivos de poder e as individualidades, grupos e classes sociais dentro do que denominamos, genericamente, capitalismo. Uns se vão muito cedo, outros são centenários. Alguns correm o tempo todo, outros estão quase parados. O mundo, in-felizmente, é esse cadinho de ritmos e velocidades diferentes que nos fascina e nos repele, nos acolhe e nos afasta, ao mesmo tempo em que nos enreda e nos expulsa. Se, pelo menos na nossa escala humana, não temos eternidade — o acúmulo infinito de todas as sucessões de momentos —, muito menos temos a simultaneidade da vivência concomitante de todos os lugares, até porque o que chamamos de simultaneidade — a ocorrência, ao mesmo tempo, no espaço — pode não passar de uma ilusão. Basta olhar as estrelas: quantas já não terão desaparecido durante o tempo que a luz delas levou para chegar até nós?

O Aleph de Borges, o "lugar" que consegue sintetizar o universo, jamais se realizou. Talvez por isso os lugares importem tanto. Nosso "estar ao lado" do Outro (humano e/ou geográfico) nunca é percebido como plenamente simultâneo (ou coetâneo). Mesmo com a potencialidade da Internet, nunca estaremos, obviamente, conectados com todos os humanos e em todos os lugares. Partindo de e ampliando a proposta de Doreen Massey em seu livro *Pelo espaço*, podemos afirmar que, na indissociabilidade entre espaço e tempo (e nunca apenas no espaço), a possibilidade, expandida, hoje, da vivência simultânea e/ou sucessiva de próximos/distantes lugares é o elemento que faz diferença(s), que concebe e promove a diferença. A diversificação do nosso estar ao lado do Outro (que inclui esse Outro como lugar) é que permite transformar nossa vida como indivíduos e como sociedade.

Aqui, ao falar de uma presentificação do espaço nos lugares, estamos tratando o presente não pela noção banal de um instante que nunca conseguimos de fato apreender, mas como a condensação que reúne os constrangimentos de um passado que, aparentemente superado, permanece, densificado na memória e na própria materialidade do mundo (a "acumulação desigual de tempos", na rica expressão de Milton Santos), e as aberturas de um futuro que, aparentemente distante, já traz no presente o redirecionamento potencial de múltiplos caminhos.

Falar de diferença hoje faz parte da "norma", tornou-se quase compulsório. Até os grandes capitalistas usam e abusam da mercantilização da diferença — a diferenciação como criadora de valor (de troca). No entanto, vivê-la, envolver-se de fato afetiva — "amorosamente" — com ela, isso já é outra história. Fala-se muito do múltiplo; inventou-se até a substituição do universo pelo pluriverso, mas discute-se muito pouco e experimenta-se menos ainda esse convívio entre diferentes. Ou então apenas se convive com ou se tolera a diferença — como hoje ela está sempre ao nosso lado, aceita-se passar por ela, no máximo atravessá-la, para sair-se praticamente incólume, depois, do outro lado. A imersão no uni/pluriverso do outro não passa, na maioria das vezes, de pura retórica. Desaprende-se até a escutar. Prefere-se "dialogar" com o outro pelas inúmeras telas, mediadores tecnológicos asseptizantes do nosso tempo. Afeto é palavra um tanto depreciada, ou desinterpretada, como se só pudéssemos ser "afetados" por signos, por representações, por discursos (abstratos), ou pelo concreto-abstrato da mediação das tecnologias digitais. Deixar-se afetar pela alteridade do mundo não é uma tarefa fácil. "Hospedar" efetivamente o outro é cada vez mais raro. Prefere-se ignorá-lo, promovendo a mortal indiferença, ou subordiná-lo, seja pela simples funcionalidade da exploração econômica, pela simbolização estigmatizadora, seja, no extremo, pela apartação por medo, aversão ou ódio.

Num mundo em que se fala que os sentimentos estão "à flor da pele", em que se radicalizam as paixões, extrapolando a sensibilidade e menosprezando a razão, penso que, na verdade, o que nos falta em primeiro lugar, mais do que considerar e desenvolver a razão ou superar os excessos da sensibilidade em nome da razão, é incrementar muito mais nossos afetos — aprender de fato a elaborar sentimentos, desenvolvê-los e saber francamente expressá-los. E afeto não se desenvolve apenas na imbricação com a razão. Afeto se desdobra no deixar-se tocar pelos outros — humanos e/ou lugares. Por isso a importância dos LUGARES e o fato de eles fazerem tanta diferença. Deixar-se des-envolver pelos lugares — com tudo o que neles há de humano e não humano — é, ao mesmo tempo, elaborar elos de afetividade e responsabilidade. Refazendo um ditado comum, somos responsáveis pelos lugares que nos cativam — e por aqueles que culti/cativamos.

Mas, afinal, o que é um LUGAR? E como diferenciar "lugares cotidianos" daqueles que, aqui, denomino "lugares viajantes"?

Habitei várias cidades, onde compartilhei um espaço dito urbano ("dito" porque, na ampla concepção político-administrativa de urbano no Brasil, é considerada população urbana a que vive em qualquer sede de município — a "cidade", ou sede de distrito — a "vila"), de área construída relativamente contínua, ocupado por um número que variou de 1,5 mil a 10 milhões de pessoas: Mata, São Vicente do Sul, Santa Maria, Rio de Janeiro, Paris e Londres. Embora por pouco tempo, até os 6 anos de idade morei também na zona rural, no interior do Rio Grande do Sul.

Se o "lugar cotidiano", entre a emoção e o simbolismo, é o vivido em toda a sua densidade, este, para mim, às vezes parecia relegado ao espaço imaginário, constantemente reinventado. Havia sempre o horizonte, que na Campanha gaúcha se aproximava do infinito. O horizonte era o que mais me atraía — o potencial de conhecer outros mundos, a virtualidade de transpor o espaço. Transpor os limites, recompor o horizonte, mesmo que na imaginação. Quando me sentia um pouco "fora do lugar", a imaginação me permitia fazer viagens inusitadas e, de algum modo, encontrar lugares distantes, ainda que isso ocorresse apenas no domínio de meus cadernos recheados de mapas — por vários anos da infância desenhá-los foi o meu passatempo predileto.

Sem dúvida, a paixão mobilizadora dessa imaginação geográfica me faria lutar para realizar o que consigo reproduzir aqui, no relato de vivências concretas com tantos lugares, por tantos cantos do mundo. Hoje, quando rememoro essas viagens, que um dia não passaram de sonho distante, tenho de reconhecer que, ao meu modo, por meio de múltiplas conexões, fiz do meu mundo um lugar — ou melhor, quem sabe ao mesmo tempo tenha feito do vasto mundo "um" meu lugar.

Acabei visitando muitas cidades, como turista ou a trabalho, nas quais também estabeleci longas ou breves amizades. Antes dos tempos de Internet (e mais tarde com ela), dos 15 aos 25 anos, cheguei a ter mais de trinta correspondentes, vários deles conhecidos depois durante viagens, ou que me visitaram no Brasil. Em cada uma dessas viagens, de passagem, por pouco tempo ou em reiteradas visitas, acabei de vários modos interagindo com a diversidade desses lugares — o que denomino aqui de "lugares viajantes". E tal expressão se refere a lugares não cotidianos, moldados, sobretudo, pelo lazer que, como afirma Henri Lefebvre, aparece para muitos como "o não cotidiano no cotidiano", numa "ilusão da evasão", pois, pelo menos para a população mais pobre, é quase impossível sair de fato de seus espaços cotidianos. Na verdade, trabalho, família e lazer compõem uma tríade dos nossos cotidianos rompida para aqueles que, compulsoriamente, moldam toda sua vida, praticamente, em função do trabalho.

A cotidianeidade, para Lefebvre, define-se como um "nível da sociedade atual" que tem três características básicas: "o intervalo [*l'écart*] entre este nível e os níveis superiores (aqueles do Estado, da tecnicidade, da alta cultura); a interseção entre o setor não dominado da realidade e o setor dominado; a transformação dos objetos em bens apropriados". Nessa zona "ao mesmo tempo vasta e mal definida", desdobram-se e confrontam-se diversos movimentos contraditórios e imbricados, como aqueles entre "a necessidade e o desejo", "o sério e o frívolo", o "natural e o factício" (cultural), "o público e o privado". Na sociedade contemporânea, dirá o autor, essa separação entre o nível cotidiano e os demais é crescente.

Sobre o jogo entre o sério e o frívolo, diz Lefebvre, "parece com frequência que o que se apresenta como frívolo, ou que se manifesta na frivolidade, é também o mais sério e mesmo o fundamento ['*le fond*'] do que é sério, como em tudo que concerne ao amor". Pois é sobre uma das formas de amor que, inspirado no título de um livro de Jacques Le Goff, *Por amor às cidades*, pretendo falar de alguns dos "meus" lugares e dos envolvimentos, das múltiplas durações (e modalidades de afeto), que desdobrei com e por meio deles.

Quando afirmamos "este é o meu lugar", não estamos, obrigatoriamente, tomando posse desse espaço. Embora, é óbvio, tais conceitos se cruzem, lugar não tem o mesmo foco, não aborda com a mesma ênfase a problemática que é central para o território, cuja configuração implica antes de tudo controle e, no seu extremo, propriedade. Definir um lugar como "nosso" é torná-lo parte de nossa diferenciação/identidade enquanto indivíduo ou grupo — ainda que essa diferenciação, como alega Doreen Massey, seja fruto muito mais da especificidade de uma combinação de fenômenos do que da diferença dos fenômenos em si mesmos. Assim, posso encontrar hoje a diáspora indiana até mesmo na cidade de minha juventude, Santa Maria, no Rio Grande do Sul, mas ela se combina de uma forma muito própria ali com outros fenômenos, em menor ou maior grau, também, globalizados.

O lugar é criador de conexões, afetividades, identidades, em suma, diferenças. É como se, muito mais do que controlarmos concretamente um espaço, primeiro, em plena interação conosco, o próprio espaço nos convocasse a habitá-lo, convidando-nos a realizar nossa vida pelo aprofundamento dos elos afetivos vividos, transformando-se o espaço, para nós, efetivamente, num lugar. E a partir daí se desdobram diferentes processos que, num neologismo, podemos denominar de "lugarização". Na combinação com o território, alguns lugares são mais ou menos territorializados, mais ou menos capazes de nos "empoderar".

Para refletir um pouco sobre o conceito de lugar, peço permissão para retomar, numa breve releitura, algumas considerações realizadas no primeiro capítulo de meu livro *Viver no limite*.

Para começo de conversa, quando se fala em lugar, numa representação geográfica, muitos pensam primeiramente no espaço como um ponto. Ao contrário do território, por exemplo, sempre visto muito mais como uma área ou zona (existindo também, é claro, os territórios-rede), o lugar parece mais localizado (embora não obrigatoriamente bem delimitado, até porque um "ponto" não tem propriamente limites). É por isso que alguns geógrafos pensam o lugar como um elemento básico do espaço geográfico ou, até mesmo, como defende Michel Lussault, a "menor unidade espacial complexa da sociedade". Jacques Lévy, em sua proposta de teoria espacial, leva ao extremo essa consideração, ao propor o lugar como o espaço em que se pode prescindir do fator distância (ou onde a distância, de algum modo, seria "anulada"). Haveria lugar "quando ao menos duas realidades estão presentes sobre o mesmo ponto de uma extensão". Embora o autor se reporte até mesmo ao mundo atual globalizado como um lugar, na medida em que as distâncias poderiam de algum modo ser anuladas (o que é muito questionado), sua concepção nos recorda de um fator fundamental na definição de lugar: a copresença, o convívio direto, a contiguidade.

Na geografia de língua inglesa, na qual lugar é um conceito amplo e fundamental, ele foi considerado incorporado à ideia de "localização significativa", como ressaltam John Agnew e Tim Cresswell. Muito mais do que simples local (enquanto unidade de extensão geográfica mínima) ou localização (o "onde" de um fenômeno), o lugar compreenderia não só um conjunto concreto na realização de relações sociais, mas também os vínculos mais subjetivos de um determinado "sentido de lugar".

Para Tim Cresswell, mais que uma coisa ou materialidade, o lugar é "um modo de entendimento do mundo" (e, eu acrescentaria, de "estar no mundo"), "não tanto uma qualidade das coisas no mundo, mas um aspecto do modo como escolhemos pensar sobre ele". Nesse sentido, lugar e paisagem se aproximam, com a diferença de que, enquanto a paisagem muitas vezes enfatiza um sentido e uma perspectiva, a do olhar (e as representações aí incorporadas), indicando certo distanciamento, no lugar, muito mais do que simplesmente "pensar" sobre o mundo, estamos mergulhados em todos os sentidos da nossa experiência, do "vivido". Fazer do espaço efetivamente um lugar é estabelecermo-nos e sentirmo-nos inteiramente nele, vivenciando-o plenamente como na imersão de um "aqui e agora". Significação e experimentação concreta do mundo se unem e, como afirma Lívia de Oliveira, o lugar passa a ser "experienciado como *aconchego* que levamos dentro de nós" (grifo meu). Nessa leitura, há uma clara positividade do lugar, espaço em que, de algum modo nos sentimos inteiramente presentes e "em casa" – não esquecendo, contudo, que múltiplas são as concepções de lar ou de casa... É por isso que uma corrente como a fenomenologia e o estímulo de filósofos como Martin Heidegger acabaram inspirando autores-chave neste debate, como Edward Relph e Yu Fu Tuan.

Doreen Massey, especialmente em seu texto já tornado clássico "Um sentido global de lugar", será a autora mais importante na contestação a posições como a de Fu Tuan, cujo "lugar" ela consideraria mais estático, bem delimitado e conservador. Reconhecendo o "recrudescimento de alguns sentidos muito problemáticos de lugar (como algo fechado, internamente coerente e bem estabelecido, uma 'comunidade de segurança'), dos nacionalismos reacionários aos localismos competitivos", ela propõe "pensar no que possa ser um sentido adequadamente progressista de lugar" e vê-lo como "um lugar-encontro, o local de interseções de um conjunto particular de atividades espaciais, de conexões e inter-relações, de influências e movimentos". O lugar se torna, como diria o antropólogo Marc Augé, um espaço identitário (nas mais diversas formas de manifestação de uma identidade), relacional e histórico. O "ponto" do lugar absoluto se transforma no "polo" de conexões do lugar relacional, profundamente envolvido nas redes de um mundo em maior ou menor processo de globalização.

São assim, de certa forma, os lugares que focalizarei aqui. O cruzamento de um número maior ou menor de redes que, ao final, promovem sensações e nos envolvem de tal modo que, de fato, são espaços capazes de fazer diferença em nossa vida. Não a diferença como simples exterioridade, que olhamos de fora, mas uma diferença também internalizada, frente à qual estamos dispostos a nos reavaliar e a nos transformar. Uma diferença que nos re-componha, que nos faça olhar para um Outro que não só está fora por se distinguir de nós, mas que também participa da nossa construção identitária, tanto pelo contraste que nos propõe quanto pelos laços comuns inerentes à nossa condição humana.

Vários desses espaços, obviamente, são muito mais lugares para os outros que vivem ali seus cotidianos do que para nós que por ali, em viagem, simplesmente passamos. Alguns desses lugares foram muito mais marcados pela hospitalidade do que outros; alguns nos foram quase fechados; em outros, fomos nós que, de certo modo, buscamos e/ou provocamos sua abertura. O lugar, assim, enquanto potencial promotor de diferenças, pode ser dotado de ampla positividade, quando aberto para receber e hospedar o outro, estimulando, pelo confronto e/ou pelo diálogo, a criação, o novo, ou então ser carregado de certa negatividade quando, avesso a acolher a alteridade (lugar apenas para o Outro que nele se confina), se fecha num casulo de (pretensa) segurança, resguardo e autoproteção na defesa de uma identidade. E isso sem que essa interpretação, é claro, sobrevalorize o novo, a transformação, e menospreze o velho, a preservação, como ficará bastante claro, por exemplo, no relato de nossa viagem à Índia.

Numa passagem rápida, "viajante", como digo, lugares nos afetam muito menos — quase nada, dependendo do tipo de olhar "turístico" que levamos. Em outras palavras: na maioria das viagens, hoje, espaços que são lugares para outros, para nós, só são lugares de uma forma muito mais sutil. Mesmo de passagem, contudo, e dependendo da nossa abertura para compreender — e, por que não, de algum modo, também amar o outro —, podem representar sensações intensas que mexem com emoção e pensamento e que, de algum modo, talvez permaneçam na memória para, ao nosso retorno, refazermos o lugar que deixamos. Sem falar que ainda podem emocionar e/ou cativar outros, mesmo que, de maneira simples, por meio da leitura de relatos breves como estes.

Embora eu não tivesse inicialmente imaginado começar este livro por uma reflexão, digamos, mais teórica, acabei elaborando uma introdução um pouco no sentido de justificar o que de fato não precisaria ser justificado: o uso de termos como "lugar", "cotidiano" e "diferença" num livro descompromissado, composto por crônicas e textos mais espontâneos e pessoais. Resta apenas, a partir de agora, o convite ao leitor para que acompanhe os relatos e as imagens sem maior pretensão, apenas se deixando levar pelos sentimentos e pelas reflexões que, também por serem breves, estarão sempre abertas à reinterpretação de cada um.

Como disse o escritor argentino Federico Bianchini, a crônica, situada a meio caminho entre o jornalismo e a literatura, não tem o compromisso de demonstrar algo e, ao contar histórias, não pode esquecer sua complexidade, a perplexidade e a dúvida — "o leitor tem de tirar sua própria conclusão". Não foi bem o caso de alguns destes escritos, reconheço, mas conto com a condescendência do leitor em algumas passagens resultantes de certa pretensão e inquietude, ao ir além da dúvida e propor respostas que correm sempre o risco de serem prematuras.

Começarei por lugares mais distantes, envolvendo viagens que marcaram pela força de suas diferenças, até chegar a espaços de vivência cotidiana e pretensamente mais seguros, os quais, nem por isso, mudando o olhar, estão alheios à surpresa e ao inusitado que instigam o questionamento e a mudança.

2
LUGARES VIAJANTES

ÁSIA E ÁFRICA

DIÁRIOS DA ÍNDIA

Paris-Délhi, 4 de fevereiro de 2005

Levanto-me às 6h30 da manhã para tomar o avião que sai às 10h25 de Paris para Délhi. Foi bom madrugar, pois havia *overbooking* no voo da Air France e quase não viajo. Com dez aviões na nossa frente na pista de decolagem depois do rígido e demorado controle na detecção de metais (obrigando todos a tirar os sapatos), a partida atrasa um pouco. O voo é tranquilo, e até que há o que fazer nesta ciberpoltrona: ver muitos filmes, incluindo *Diários de Motocicleta* (mas opto por um filme indiano para "entrar no clima"), ouvir boa música, degustar o cardápio diversificado ou simplesmente acompanhar o mapa da rota e olhar lá embaixo pela janela. A vantagem de um voo diurno é ter a paisagem toda a nossa disposição: dá pra admirar o brilho dos Alpes e dos Cárpatos, completamente brancos, cobertos de neve.

No mapa exibido na telinha, nomes que não se sabe com que critério foram escolhidos e que não têm o menor sentido para quem está passando aqui em cima. É como se o mundo, pra nós, sofresse um "descolamento": voar sobre Brasov, Erzurum ou Trebizonda não faz a menor diferença — nosso espaço tem apenas dois pontos e uma linha, uma linha-tempo abstrata, quase sem espaço, sete horas de céu. Sou dos poucos que quer e se alegra em encontrar pontos de referência no terreno. Lembro-me de uma viagem que fiz do Rio de Janeiro para Rio Branco, no Acre, na qual, ao identificar Guajará-Mirim e o rio Madeira, na fronteira entre Rondônia e a Bolívia, perguntei à aeromoça se, num voo interno no Brasil, era normal sobrevoarmos a Bolívia. Ela, surpresa, disse que não, que não era permitido. Pedi que conferisse com o piloto. Minutos depois ela voltou e, em voz baixa, constrangida, confessou que, para encurtar a distância, o voo passava mesmo sobre a Bolívia.

O mapa na tela também tem algum sentido para os sonhos de quem, na imaginação, consegue percorrer epopeias fantásticas como se fossem no terreno. Um estranho mapa estilizado fabrica imagens ainda mais inusitadas: começando horizontal e terminando verticalmente, no horizonte, os Cárpatos parecem gigantescos, esculpem uma garganta profunda ao longo da Geórgia — quem não conhece o poder das escalas e das representações cartográficas pode até achar que estamos passando rente àquelas montanhas... E dizer que o primeiro-ministro georgiano morreu anteontem numa suspeita asfixia por gás em Tbilisi... Mas estes mapas não contam histórias — elas todas precisam ser fabricadas por nós, na imaginação, ou pelos homens de carne e osso em seus cotidianos densos, sofridos e amarrados lá embaixo. Estes mapas, num tempo *cyber*, num tempo provavelmente o mais abstrato da história, só contam relevos, mares quase sem profundidade, sem movimento algum, estanques, e terras enrugadas, de cores altimétricas que só dizem respeito àqueles, embaixo, que não nos escutam nem nos veem, sentem apenas a rigidez da vida nos áridos platôs rochosos do Irã e da Anatólia.

Pensei que fôssemos sobrevoar o conflito iraquiano — ali, pelo menos, a sensação de que um míssil pudesse nos alcançar faria algum sentido, traçaria algum laço entre o céu e aquela terra. Não, nosso espaço é outro, o espaço asséptico e intocável da estratosfera — "túnel" do espaço aéreo que nos dissocia (ou nos protege) completamente das alteridades do mundo. Samsun, Siras, Kayseri, Malatya... aparecem agora na tela. Algum sentido para alguém desses passageiros? De repente, o aparelho no meu ouvido toca uma canção de Maria Bethânia, "Yá Yá Massemba": "vou aprender a ler pra ensinar meus camarada! ..." O coração bate mais forte; não há como não me emocionar, a identidade sempre aflora, por mais mundializados e por menos nacionalistas que sejamos. A diversidade das músicas e dos filmes neste voo mostra muito bem o que é — e para quem é — a globalização. Mas sem maniqueísmos, pois o fato de Bethânia estar aqui, agora, comigo mostra que o "local" também pode subverter pelo menos um pouco o que, ilusoriamente, parece já nascer globalizado. O almoço, muito bem servido, também reflete a condensação do mundo aqui dentro: semolina ao estilo do sul da França, orzo (que eu não conhecia), arroz *basmati*, molho masala, *mango chutney* e um *lemon pickle* barbaramente apimentado.

Kerman, Zahedan, Sara-Ye Ahmadi, Nawabshah, Kandahar... O que efetivamente significam todos esses nomes? Mais de 5 mil quilômetros percorridos. Cinco horas e meia no ar. Abstração matemática, ignoramos completamente a riqueza de mundos que se desdobra por debaixo de nós, presos à ilusória condensação do mundo que se desenha aqui dentro, nesta cápsula de compressão dita globalizada. Globalização, de fato, se pudéssemos degustar o contato, a crueza e a multiplicidade da vida que se densifica no cotidiano desses tantos povos. Nem mesmo para a escolha desses nomes enormes sobre o mapa parece haver algum critério. Às vezes capitais ou grandes metrópoles; às vezes vilarejos ou quase nada. Atravessamos agora a fronteira do Irã com o Paquistão — só eu sei, pois fronteiras não interessam neste mapa "liso", estriado unicamente pelas linhas do relevo, que é o que menos interessa ao povo que circula aqui em cima (a não ser que algum terremoto ou tsunâmi abale suas propriedades lá embaixo — mas todos eles devem ter seguro e podem, no final das contas, perder nada...).

Chegada a Délhi, depois de sobrevoar por meia hora a cidade (pena que a minha "brecha" de janela e a luz dentro do avião não me permitiram visualizar muita coisa além da poluição onipresente que obscurecia a megalópole mal-iluminada). Recepção nada acolhedora: uma multidão sem conta — e sem fila — para passar no controle de passaporte, mais de uma hora perdida. Depois, a dificuldade de encontrar a mala, metade correndo na esteira, metade espalhada pelo chão ou empilhada num canto. Pode-se pegar qualquer uma. Na porta, somente mais um capítulo da incrível burocracia indiana: entrega da terceira parte de um formulário que preenchemos na chegada. Na saída, em meio a um mar de pessoas e cartazes, achei que nunca iria encontrar quem me esperava; tentei ler um a um (impossível), até que desisti e, de repente, lá no fundo, quase o último cartaz... Queriam que eu esperasse mais uma hora pelo voo de outra companhia. Consegui convencê-los a me levarem de imediato até o hotel. Mas o carro ficava a mais de dez minutos a pé, no meio de outra multidão e de um trânsito caótico. Com a saída do aeroporto completamente congestionada e mais o tráfego da rodovia até o hotel, tomada de caminhões (que esperam até às 10 horas da noite para entrar em Délhi), tuk-tuks, motos, ônibus, camionetes e alguns — poucos — carros de passeio. Meu motorista fazia manobras extraordinárias, o que seria a norma a partir dali em todas as ruas e estradas da Índia, e pegava vias vicinais sem asfalto, realizando ultrapassagens impossíveis, apitando o tempo todo. Enfim, o hotel e o pretenso descanso. Mas o amigo com quem divido o quarto chega às 3h30 da manhã, ronca feito doido, diferença de quatro horas e meia de fuso; assim, com tudo isso, foi impossível dormir.

Délhi, 5 de fevereiro

As ruas de (Nova) Délhi. A cidade moderna e geométrica na área do hotel até Cunnaugh Place. Ruas em círculos concêntricos a partir da praça central. As lojas, uma confusão incrível, um contraste atrás do outro, de grifes globalizadas a vendedores ambulantes de todo tipo, lado a lado ou frente a frente. Anúncios completamente ocidentalizados junto à publicidade mais simplória, numa poluição visual indescritível, cartaz sobre cartaz. Vitrines que vão do mais sofisticado ao mais kitsch. Gosto aqui, definitivamente, não se discute. Pelas ruas, gente de todo estilo se cruza, mas o que mais nos toca é a presença constante de mendigos e "rejeitados", deficientes físicos, doentes — deplorável situação de quem parece estar fora de qualquer classe-fixação possível dentro do que chamamos dignamente de "sociedade". Parecem lutar apenas pela sobrevivência, muitos se arrastando pelo chão, incluindo idosos com dificuldade de locomoção, aleijados, queimados e até leprosos. A "escória" social do pré-conceito de Marx aparece aqui estampada em toda a sua crueldade. E estamos em pleno coração econômico da megalópole, ao lado dos grandes bancos, de prédios pós-modernos construídos no recente *boom* econômico indiano.

Os próprios contrastes da arquitetura revelam a dupli — ou tripli, ou multi — cidade fascinante e assustadora ao mesmo tempo. Prédios decrépitos, centenários ou não, do comércio mais tradicional, ao lado de novos e reluzentes edifícios de grandes firmas transnacionais. Espetáculo à parte são as ruas, tomadas de autos-riquixás ou tuk-tuks que mais parecem enxames, entrando e saindo por todos os lados, contornando de qualquer jeito o que representa algum empecilho pelo caminho. Pobres pedestres. Sinais, mesmo quando existem — e no vermelho — às vezes viram mera decoração (lembranças do Rio, quadruplicadas...). Buzina é instituição nacional; ônibus e caminhões exibem na parte de trás as inscrições "Stop - Horn", pois parar e apitar é a regra. Apita-se por qualquer motivo. Qualquer ultrapassagem requer de antemão o aviso da buzina. Parece significar a formalização (desnecessária) do "cheguei, portanto é a minha vez". Mas o que mais incomoda o estrangeiro ao redor da Connaugh Place é a inconveniência dos "guias", vendedores, motoristas... São incontáveis, e nos perseguem às vezes por mais de um quarteirão, primeiro tentando conquistar simpatia com histórias elogiosas ao futebol e ao carnaval brasileiro para depois propor todo tipo de mercadoria ou de serviço, de tabuleiros de xadrez em miniatura a tours e até marijuana. Impertinentes, levam a nossa paciência ao limite. Tentar ignorá-los nem sempre funciona. Alguns turistas resolvem dar trela. O melhor às vezes é falar em português, como se não entendêssemos nada. Um dia, porém, encontrei até mesmo um que falava algumas palavras de espanhol e português. Outro me contou de uma "namorada" brasileira que teve, do Paraná, que o havia levado até a Caxemira. A melhor tática é desconhecer. Não olhar para eles em hipótese alguma.

Às vezes a Índia, nesta parte hipermercantilizada de Délhi, mais se assemelha a um circo. Ao mesmo tempo da ilusão fantástica e dos horrores. Turistas parecem divertir-se com tudo. Como se todos esses paradoxos fossem um brinquedo ao olhar estrangeiro. Bonecos de todo tipo. Objetos de compra e venda, nem que seja para tirar uma foto e depois exibi-la, na volta, como um pequeno troféu: "Eu vi." Tudo ali parece "negociável". Aliás, a barganha dá a impressão de ser institucionalizada. Voltar para o hotel de tuk-tuk pelo mesmo preço de um táxi, como na vinda, não dá. Ainda assim, nossa barganha é sempre um bom lucro para o motorista. Não tenho paciência de ir mais longe. Paciência falta. Paciência sobra nesta Índia de tanta deficiência — e tanta riqueza, e tanta, fascinante, diversidade humana.

Délhi, 6 de fevereiro

Se Connaugh Place era paradoxo e decrepitude, a Velha Délhi parece às vezes uma das extremidades do mundo: a mais inferior, a mais miserável, a mais confusa, a mais informal, a mais... perdida. Tudo isso e nem tanto. Porque somente na Índia podemos atravessar este mundo, senti-lo, sem maior incômodo que o da insistência dos vendedores. É como se o hinduísmo lhes provasse que somos todos irmãos. Algo de humana-humanidade nos une, e eles parecem, de um modo ou de outro, nos acolher. O comércio na Velha Délhi é muito mais para os pobres e miseráveis, não para os turistas. Daí a menor presença dos inoportunos vendedores e prestadores de serviços.

Velha Délhi

Ambientes os mais inóspitos, os mais abjetos, às vezes... Penso nas favelas brasileiras, nem tão confusas, nem tão populosas, nem... mas ao mesmo tempo, às vezes, ainda mais inóspitas, avessas à alteridade do não tráfico, de violência não raro indiscriminada. Não sei mais se resistimos a alguma coisa, ao nosso modo, se lutamos (para quê?)... e se eles, ao contrário, como diz o senso comum, são mais apáticos, "aceitam" sua condição, resignados com a condição (de casta) que lhes teria sido "predestinada". Uma amiga geógrafa me havia antecipado. Mas lembro também que ela é politicamente mais conservadora. Neste caso, provavelmente tenha sua ampla margem de razão. Deparar com aquela série de mendigos sentados no chão ou acocorados em filas duplas, ou triplas... ao lado de cozinhas improvisadas (abertas para a rua), à espera de um resto qualquer que lhes sobre, é uma experiência deprimente. Miséria nessa escala nos fere. Ou nos deprime, sem que vejamos saída, principalmente se estamos entre os poucos que ainda acreditam na condição humana e na nossa capacidade de uma efetiva transformação social.

Aqui, na Velha Délhi, às vezes o mundo parece ter retrocedido, ou melhor, estar em plena volta no tempo. Deixo as ruelas da Velha Délhi em frente à magnífica mesquita Jama Masjid, a maior da Índia. A sensação de entrar descalço na praça imensa (capaz de abrigar 25 mil pessoas) e divisar a silhueta suntuosa e harmônica do grande templo é puro paradoxo. Dois mundos que parecem opostos se conjugam plenamente ali. É a primeira vez que entro numa mesquita que não é tratada como um simples monumento. Às quatro e vinte da tarde pedem para sairmos. Hora da prece. Volto às cinco para subir no alto do minarete. Duzentos e cinquenta degraus num espaço exíguo e claustrofóbico, para ter a vista majestosa da Velha Délhi e das cúpulas da Jama Masjid lá do alto. São tantos mundos, tantas imagens, tantas experiências inusitadas num único dia... Pra completar, ligo para o Brasil — facilidade, bom preço e disponibilidade de locais para telefonar ao exterior são um dos aparentes milagres do lado moderno da Índia (ao mesmo tempo em que se convive com a frequente falta de luz). Minha mãe quebrou duas

costelas, está cheia de dores. Sinto muita pena dela, sentimento que se soma aos tantos que me invadem aqui: dor, pena, compaixão, surpresa, revolta, fascínio... Eu e a Índia somos tudo isso ao mesmo tempo. Vago um pouco, outra vez, pelas ruas em torno da mesquita. A noite cai. Descubro travestis pegando um riquixá-bicicleta. São as famosas *hijras*, os eunucos que formam comunidades por toda a Índia. Mais um paradoxo. Tomo um auto-riquixá e volto atordoado para o hotel, como se não soubesse exatamente em que mundo me encontro. O motorista não fala quase nenhuma palavra em inglês. Muitos aqui só falam hindi, são analfabetos, e, portanto, não adianta lhes mostrar cartão de hotel ou mapa da cidade. Somente conseguimos seguir em frente se conhecem o nome do hotel.

Délhi-Jodhpur, 7 de fevereiro

Depois de uma noite terrível, maldormida por causa do fuso horário e do ronco de meu companheiro de quarto, fizemos a visita a um templo sikh, uma das minorias religiosas mais importantes e influentes da Índia. Para entrarmos, precisamos colocar um turbante e retirar os calçados. Impressionou o salão dos padeiros aonde a população vem apenas para comer, cumprindo um dos "três pilares" da religião sikh, que é o de partilhar o fruto do trabalho com aqueles que mais necessitam. Embora alguns a considerem uma religião sincrética com o hinduísmo e o islamismo, é vivo o contraste, por exemplo, entre seu monoteísmo e a proliferação de deuses do templo hinduísta que visitamos logo depois.

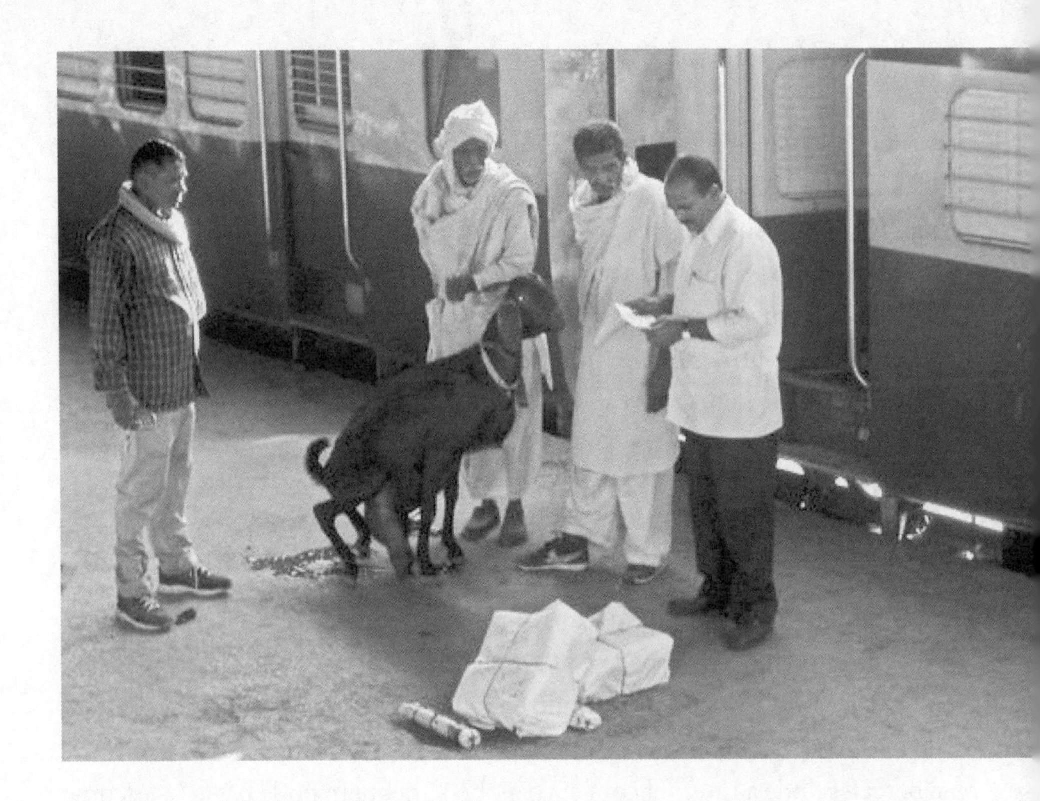

À noite tomamos o trem para Jodhpur. Outra experiência muito particular. A começar pela estação, de aparência semiabandonada, rodeada de mendigos e cargas de todo tipo que seriam levadas no trem (em Varanasi, na volta, vimos até uma cabra). Os carros de segunda classe não tinham luz, os bancos eram de madeira, e as janelas gradeadas, tomadas de gente, lembravam um cárcere. As cabines-leito onde nos acomodamos eram para oito pessoas cada, com beliches de três andares, sendo que apenas no primeiro havia janela. Apesar do aperto, nosso grupo se divertiu muito. Pra variar, custei a dormir. Eram 9 horas da noite quando partimos, e Délhi à meia-luz, com suas imensas favelas, compunha uma visão única. Só chegamos a Jodhpur, no Rajastão, depois de 11 horas de viagem, às 10 da manhã do dia seguinte.

Jodhpur, 8 de fevereiro

Visita ao Umaid Bhawan, o maior e último grande palácio da Índia, construído entre 1929 e 1943, com 370 cômodos, uma exorbitância do poder dos marajás, ironicamente proposto em função de um plano para dar emprego a milhares de flagelados da seca. Hoje se transformou no mais luxuoso hotel da cidade, com visitação restrita a uma pequena ala.

No alto de outro morro, o grande e fabuloso forte Mehrangarh — palácio das mil e uma noites, com sua vista magnífica da cidade velha, toda azul, lá embaixo. Emoção forte. Depois, a descida até o mercado de Sardar e a torre do Relógio, um burburinho indescritível de vacas, crianças, comércio de toda espécie, riquixás, bicicletas e os cheiros — e a poeira — que fazem o mais pitoresco da Índia. De tirar o fôlego, e, literalmente, o próprio ar que respiramos (minha alergia e a ardência constante nos olhos denunciam).

A esquizofrenia do espaço aqui resplandece em todo seu vigor: estrangeiros turistas do mundo todo ao lado de moradores nativos que nunca saíram do mesmo lugar. Pedintes miseráveis com restrições de mobilidade à porta de cibercafés onde a Internet conecta o globo para quem pode pagar — e, como na imensa diáspora indiana, tem a quem contatar do outro lado do mundo.

Jodhpur vista desde o forte Mehrangarh

Jodhpur - Torre do Relógio

Jaipur — Hawa Mahal (Palácio dos Ventos)

Deserto de Thar, 9 e 10 de Fevereiro

Viagem para a vila de Devikot, via Pokaran, local do primeiro teste nuclear indiano. Na primeira parada, num *haveli* novo, feito exclusivamente para atender turistas, há até biscoitos e chocolates ingleses, verdadeiro enclave estrangeiro no meio do deserto — aliás, no exato *edge* ou limiar do deserto de Thar, o grande deserto da Índia, junto à fronteira com o Paquistão. Na estrada, muitas vacas e cachorros, o tempo todo a buzina tocando para afastá-los do caminho. Na parada, muitos pássaros. Pequenas plantações irrigadas. A estrada entre Pokaran e Devikot é muito precária, só passa um carro de cada vez, e, como há muitos caminhões, as ultrapassagens são difíceis; assim, nosso micro-ônibus é jogado toda hora pro "acostamento", a areia do deserto trazida por grupos de mulheres encarregadas de improvisar a manutenção do asfalto no mesmo nível da areia do deserto ao redor.

Chegamos a Devikot às 13 horas. Estavam nos esperando com os camelos prontos para a partida, no meio de um mato ralo, com pouca sombra, onde almoçamos no chão, cercados de cabras famintas, algumas fazendo acrobacias para conseguir alguma folha nas árvores ressequidas. Passou por nós um grupo de mulheres e crianças nômades, curiosas, com latas d'água na cabeça, parando aqui e ali para conferir nossa refeição e nossos camelos. Fui o primeiro a receber um animal, Bono, um dos maiores da tropa, e, conforme soube depois, um dos mais velozes. Meu amigo recebeu outro, que era puxado por mim e pelo meu "responsável", o qual se chamava Fidel Castro — porque, disseram-me, era velho e fiel. O sol estava forte e levamos três horas para chegar ao acampamento, escondido no sopé de uma bela duna. No caminho, passamos por uma aldeia muçulmana muito pobre, tomada de pequenos pedintes.

Logo que chegamos ao acampamento, resolvi subir até o alto da duna para ver o fabuloso pôr do sol no deserto. Voltei com o chamado para a janta, surpreendentemente bem preparada e gostosa, um pouco menos apimentada, pois eles conhecem a limitação dos estrangeiros. Não fosse a deficiência de água... só disponibilizaram um meio balde de água para cada barraca de duas pessoas. Acabamos usando também nossa água mineral. Depois da janta, tivemos festa ao redor da fogueira, com música local (flauta) e fita de *pop music* indiana tocada do jipe. Alguns dos nossos acompanhantes de camelo, que acampavam longe de nós, ouvindo a música vieram se somar ao grupo e dançar. O casal de irlandeses e o de australianos do grupo eram os que mais bebiam e, talvez por isso, revelaram-se também os mais animados.

À noite, para dormir, foi difícil — barulho do forte vento na barraca, travesseiro duro, ameaça de tempestade no deserto, que acabou chegando e nos acompanhou durante todo o dia seguinte. A barraca amanheceu tomada pela areia. Acordei cedo, louco pra tomar um banho, mas contentei-me em lavar o rosto de forma improvisada, fui ao "banheiro" atrás de uma duna e me preparei para o dia inteiro montado num camelo. Apesar do cansaço e do caráter entre o *fake* turístico e o alternativo, o *camel safari* é uma grande experiência. Já vale pela sensação de estar no meio do deserto e perceber de fato que ele é muito mais movimentado e diversificado do que se pensa — ouvindo sons muito diferentes, vento e areia por todo o corpo, detectando cores de tantos matizes, dunas, rochas, flores, arbustos, cactos de formatos bizarros... Além disso, experimentamos outra velocidade, outro ritmo, um pouco como os nômades, "gênero de vida" que, cada vez mais isolado, resiste e revela, no compasso lento e repetitivo dos camelos, outra visão de mundo, exatamente o oposto da nossa, rápida e passageira, mutante.

O trajeto matinal foi cansativo, e o tempo feio assustou — o vento não diminuía e a tempestade de areia aos poucos cobria completamente a paisagem. Por alguns momentos o trajeto ficou monótono, um deserto pedregoso e completamente plano tomado pela nuvem de areia. Mas a sensação de estar num deserto, no ritmo dos camelos e ainda sentindo aquela areia no rosto, bastou para superar a aparente monotonia. O vento, vindo do norte, esfriava cada vez mais, tanto que, ao acamparmos para o almoço, tivemos de buscar mais roupa para o frio no jipe que nos alcançava nos pontos de refeição. Era inevitável que, em função do vento, a comida acabasse se misturando um pouco com a areia. Diante da tempestade e da oferta de uma carona no jipe, não tive receio e acabei me candidatando. Fiz em meia hora o percurso que o resto do grupo demorou duas horas e meia. Atravessamos a aldeia hindi de Bhu, onde me surpreendeu um anúncio da campanha nacional contra a Aids, que tem afetado muito os caminhoneiros que dominam as estradas da Índia.

Ao chegarmos ao local programado para o acampamento, ficamos discutindo se não haveria um lugar menos exposto, pois o vento forte continuou até à noite. Acabamos acampando ali mesmo, um platô no sopé de uma montanha rochosa, aberto justamente na direção de onde chegava o vento gélido e "arenoso", que se estendeu inexplicavelmente até o exato momento em que acabou nossa lenha, nossa fogueira apagou e fomos para a cama. Vencido pelo cansaço, acabei tendo minha primeira noite de bom sono na Índia, finda a decalagem do fuso horário e enfim me acostumando um pouco com os roncos dos companheiros de viagem. Durante o papo e a cantoria pós-janta, duas novas amigas: Daph, a canadense, e Rina, a anglo-indiana que não conhecia o Rajastão.

Chegada a Jaisalmer, 11 de fevereiro

Levantamo-nos com um fog tão denso que mal se viam as outras barracas do acampamento, depois de uma noite incrivelmente fria, mas ainda assim suportada pelo saco de dormir que eu carregava, o qual servia também de "amaciante" durante o trote do camelo. Três horas de viagem pela manhã encerraram a jornada, menos cansativa talvez justamente por saber que era nossa última etapa. O fog também foi devagar se desfazendo, e nos divertimos com uma corrida de camelos numa parada ao longo do percurso. Bono acabou ganhando a segunda colocação.

Marcava sempre o trajeto o cheiro dos camelos sujos, flatulentos e suados (mais ainda depois da corrida), a cuspideira e o arroto frequente dos acompanhantes indianos dos camelos vizinhos, as rápidas paradas de "refeição" para os camelos em raros arbustos verdes que encontrávamos pelo caminho, os companheiros que derrubavam casacos ou garrafas d'água e obrigavam a caravana toda a parar... e os traseiros assados (alguns levariam dias para se recuperar).

A melhor cena do dia foi a chegada a Jaisalmer, cidade fortaleza que parece brotar da própria areia do deserto, as mesmas cores e a sensação de estar chegando como um nômade na corcova de um camelo, num ritmo lento, capaz de nos ensinar a degustar mais profundamente a paisagem. Mas a entrada nos reservava ainda outra cidade, extramuros, a periferia favelada, extremamente precária, com uma multidão de crianças pedintes que não nos deixava em paz. Contrastes de um país de extremos.

Nosso hotel em Jaisalmer, muito confortável, era um verdadeiro oásis relativamente isolado de onde tínhamos uma extraordinária vista da cidade, cujo forte, iluminado, à noite, parecia uma miragem. Os preços muito baixos na Índia permitem que, mesmo num roteiro relativamente barato como o nosso, se possa ficar em hotéis melhores como este.

Saímos para um passeio a pé pela cidade, uma joia arquitetônica no meio do deserto. Surpreende o quanto a cidade vive do turismo e quantos, como em Délhi e Jodhpur, ficam atrás dos turistas, a princípio se mostrando camaradas, simpáticos, "como quem não quer nada", para depois oferecerem um pouco de tudo. A beleza da arquitetura nem sempre preservada, com muitos prédios em restauração, se soma ao cheiro de esgoto a céu aberto, ao estrume das vacas e ao sorriso de moradores e/ou vendedores. Jaisalmer carrega o "peso da história" milenar deste antigo entreposto comercial da principal rota entre a Índia e o Irã.

Depois de um tour pela cidade, noite cerrada, voltamos a pé até o hotel, tentando identificar as estrelas do hemisfério Norte. Um céu límpido, que durante o dia é insistentemente cortado pelo barulho ensurdecedor dos aviões de caça que patrulham a fronteira — afinal, estamos a apenas 50 quilômetros do Paquistão, o velho rival dos indianos, cuja fronteira, nesta área, é completamente fechada. Quando penso que um pouco além, do outro lado, na fronteira do Paquistão com o Afeganistão, está um viveiro de talibãs reacionários e americanos sanguinários, tento entender melhor a contradição e os extremos das tradições ainda enraizadas do lado de cá.

Jaisalmer, 12 de fevereiro

Dia livre por Jaisalmer. A caminhada de quarenta minutos até a cidade, sob sol forte, não foi uma boa ideia. Visita a museus e caminhada sem rumo pelas ruelas da cidade. "Novela" para passar minhas fotos (a câmera já lotada) para um CD: faltou luz no exato momento da finalização. Os cortes de luz na Índia são um verdadeiro flagelo.

O melhor do dia foi um papo de duas horas com um indiano que trabalhava em um escritório com acesso à Internet, especialmente para turistas (algo muito comum nas cidades turísticas do Rajastão). Ele conta que é brahmin, uma casta mais alta, de princípios rígidos (rezam todas as manhãs e à noite), identificada pelo tipo de cordão (branco) que usam a partir dos 15 anos. Tem 24 anos de idade e é formado em História da Índia, tema de que nunca gostou, preferindo o trabalho no escritório. Um financiamento do governo garantiu-lhe o aluguel e a instalação do posto de Internet com três computadores. Durante os meses muito quentes de verão, quando o turismo escasseia, trabalha digitando documentos para pessoas da cidade. A conexão, com servidor local, é bastante precária, mas o pior é a intermitência do fornecimento de energia. No entanto, foi graças à falta de luz que ficamos duas horas conversando. Ele afirma nunca ter namorado, destacando que nem mesmo pode ser visto com garotas na rua, a não ser com estrangeiras. Por isso gosta de Jaisalmer, "aqui podemos conversar e sair com estrangeiras, mas somente com elas". Sua futura esposa — deverá casar-se até os 27 anos - será escolhida pelos pais, e ele só irá conhecê-la no dia do casamento. Gasta-se muito com a festa, uma poupança às vezes acumulada ao longo de uma vida inteira, e a família da noiva ainda costuma arcar com o dote. Interessante também é verificar os longos anúncios matrimoniais nos diários locais, muitos indicando a casta e a situação financeira do pretendente.

A valorização da "conservação" no hinduísmo, às vezes tão problemática (como na manutenção cotidiana da estrutura de castas), me faz pensar na nossa às vezes obsessão ocidental pelo novo, pela mudança. Uma verdadeira dialética pode ser reconhecida na relação entre as constantes universais hinduístas da criação (Brahma), conservação (Vishnu) e destruição (Shiva). Mas Brahma, criador, é o menos reverenciado. Os hinduístas preferem Vishnu, o conservador, e Shiva, o destruidor — do mal, é importante frisar, pois ele pode assim restituir o bem e a tranquilidade que cabe a Vishnu preservar. À luz dessa filosofia, começo a questionar o peso da criação e do "devir" em autores que admiro, como os franceses Deleuze e Guattari. Não estaríamos, às vezes, no polo oposto ao do conservadorismo, sobrevalorizando a mudança e esquecendo assim o peso, a força e mesmo a necessidade da conservação?

Questões ambientais à frente, vivemos um tempo de profunda avaliação do nosso mito moderno-capitalista, que enaltece o tempo todo o novo e a transformação, esquecendo-se às vezes de discutir nossos vínculos com a (boa) preservação. E isso na própria dinâmica do que chamamos de des-re-territorialização, a destruição e a recomposição dos territórios (ou, por outro lado, também dos lugares). Sempre deve haver espaço para o debate sobre o que resta — e o que *deve* restar — de nossos territórios e de nossos lugares. Muitas vezes só o que permitem que sobre é a nostalgia de nossas territorialidades de memória.

Na noite anterior havíamos assistido, em plena rua, a várias cerimônias de casamento, muito curiosas para um ocidental. Na frente vai o noivo, bem vestido, sobre um cavalo ricamente ornamentado. Depois vêm os homens, dançando freneticamente ao som de uma música forte, emitida por um carro com alto-falante. Somente no final surgem as mulheres, vistosas, caminhando. A noiva fica em casa, à espera. À noite, os desfiles são acompanhados nas laterais por garotos com lâmpadas fluorescentes que iluminam o cortejo. Casualmente, vejo na BBC uma reportagem comentando sobre o grande aumento de casamentos arranjados na comunidade islâmica na Inglaterra e a preocupação com medidas para atender as jovens que se sentem coagidas.

Benshawar, 13 de fevereiro

Rumo ao vilarejo de Benshawar, o almoço de beira de estrada foi tão pouco convidativo que só comi arroz com pão (mesmo apimentado). As condições do banheiro e o cheiro de esgoto ajudavam a desestimular o paladar. Teríamos em Benshawar o passeio mais frustrante de toda a viagem. Sugeriram-nos um caro "safári", proposto para conhecer aldeias rurais e, à noite, descobrir o leopardo do Rajastão. Já no primeiro vilarejo percebemos que se tratava de uma espécie de visita arranjada, "pra inglês ver". Foi constrangedor. Senti-me como se estivesse num zoológico humano. Quando chamaram de dentro da casa uma pobre senhora de 95 anos, desdentada, mas ainda assim sorridente, para que tirássemos uma foto, invadiu-me uma sensação horrível, como se estivesse explorando a pobreza e o sofrimento alheios, a exemplo de alguns turistas nas favelas do Rio, e me recolhi para um canto. Muitos moradores se comportam como que estimulados a nos agradar e a posar para fotos o tempo inteiro, certamente em algum acordo com os guias.

A segunda aldeia pareceu um pouco mais "autêntica" (em nossas temerosas noções de autenticidade), mas também com algumas famílias claramente preparadas (e vestidas) para nos receber. O que acabou valendo no percurso foi a vista do pôr do sol por trás das montanhas, no deserto. Quanto ao falado leopardo, ficou na promessa — alguns disseram ter visto brevemente, com binóculos, um vulto em meio aos arbustos numa distante escarpa rochosa. Nosso guia ainda insistiu por duas horas, mas o leopardo não apareceu. Divertimo-nos, pelo menos, com os insistentes berros de carneiro imitados pelo guia (ação que repetíamos) para chamar o leopardo. Chegamos à conclusão de que o leopardo "sacou" que nossos carneiros improvisados eram *fakes*.

Esses contatos com o mundo rural indiano, mesmo na densidade mais rarefeita dos desertos, me fez pensar na ignorância urbanoide ocidental que praticamente invisibiliza, em sua interpretação de mundo, a avassaladora presença, em contextos como este, de uma população que sobrevive exclusivamente do contato direto com a terra, com a agricultura ou, de maneira mais ampla, com o chamado mundo rural (e todas as controvérsias que o conceito implica). Sem falar em suas condições extremamente precárias em termos de educação, saúde e acesso à água, além do uso de técnicas agrícolas ainda muito rudimentares (como os moinhos de água movidos por juntas de bois).

Udaipur, uma das mais faladas cidades do percurso, onde ficamos por três dias, recebeu-nos com seu lago Pichola completamente seco. No lugar de barcos, elefantes para chegar até a pequena ilha Jag Niwas, toda ela ocupada pelo *Lake Palace* (Palácio do Lago) de 1746, local em que hoje se localiza um dos hotéis mais requintados do Rajastão. Em contraste com a riqueza e a preservação desse palácio, visitamos no dia seguinte o Sajjan Garh, ou Palácio das Monções, do final do século XIX, fora da cidade e praticamente em ruínas, mas mesmo assim aberto, com portas que dão para o abismo dos vales junto aos belos montes Aravalli.

Udaipur – Deogarh, 17 de fevereiro

Enfim, depois de tantas estradas precárias, uma rodovia com duas pistas. Mas a impressão é a de que os motoristas agem como se estivessem nas mesmas estradas de pista simples, insistindo em ultrapassagens descuidadas, sem qualquer sinalização. Além disso, vacas e cabritos continuam livres pela estrada, e ônibus podem parar no meio da pista. Mesmo em rodovias--eixo como esta, ligando dois grandes centros regionais, Udaipur e Jaipur, é comum passarmos exatamente no meio de uma aldeia ou de uma pequena cidade. Na saída de Udaipur, vê-se um verdadeiro mar de exploração e venda de mármore, onipresente nos templos da cidade. Motos, jipes, caminhões e ônibus (velhos, geralmente sem portas) são mais comuns do que carros particulares.

Rina, minha amiga indiana na viagem, comenta sobre a quase inexistência de supermercados na Índia. Mesmo a classe média, diz ela, faz compras anuais (na época da colheita, por exemplo, quando os produtos são mais baratos). Alguns supermercados até tentaram se instalar, mas sem muito sucesso. Na verdade, leio depois que o governo mantém uma legislação [alterada em 2011] restritiva a grandes cadeias varejistas de alimentação, protegendo os comerciantes de base local. Bom para o pequeno comércio, ainda mais considerando a tradição mercantil indiana, com pequenos negócios familiares proliferando por todo canto.

Palácio das Monções

Jodhpur, 18 de fevereiro

Passeando como um *flaneur* pelas ruas de Jodhpur, a segunda cidade do Rajastão, de um milhão de habitantes, deparo com um grupo de crianças indo para a escola. Como me olham demonstrando interesse em conversar, tento um diálogo em inglês e, para minha surpresa, sou bem compreendido. Embora falem pouco o idioma do colonizador, dá pra entender que estão me convidando para cruzar o portão e entrar em uma escola pública de ensino fundamental. Ainda que um pouco temeroso, aceito o convite e logo encontro um professor de geografia e história, com um nível de inglês que possibilita uma conversa mais elaborada. Quando ele descobre que também sou professor, e ainda por cima de geografia, o papo flui e as portas se abrem ainda com mais facilidade: ele me leva até uma sala de aula de alunos de primeira e segunda séries, todos sentados no chão, pois não há cadeiras nem carteiras. A precariedade é grande. Ele me diz que a escola não tem nenhum computador.

Quando entro, todos se levantam e cantam uma música em inglês. Depois, uma menina parecendo ter menos de 6 anos declama um pequeno poema em hindi, que ele traduz para mim. Muita emoção. O professor me explica que a geografia se desdobra no estilo mais tradicional em seus recortes "por escala" (digo eu): geografia do Rajastão, da Índia, da Ásia e, depois, do resto do mundo (incluindo até a Antártica). Afirma que do Brasil conhece "três aspectos muito importantes": futebol, café e carnaval, os estereótipos costumeiros. Como que para me agradar, acrescenta: "E também é um povo muito trabalhador." Digo que há controvérsias e que os indianos também parecem muito trabalhadores, ao que ele acrescenta, de forma meio determinista: "Menos no verão."

Os alunos das séries mais adiantadas estão na sala maior, de oração. Os que chegam atrasados ficam do lado de fora. São 10 horas, e o período letivo, que vai até às 4 da tarde, está começando. Antes das aulas, há sempre meia hora de preces e cantos "gerais", ele conta, "não apenas hinduístas". Não entendo bem o que esse ecumenismo significa num país historicamente marcado por problemas religiosos, e ele acrescenta que, apesar (ou por causa) dessa "introdução religiosa" cotidiana, não há religião no currículo. São ensinados três idiomas: hindi, inglês e sânscrito.

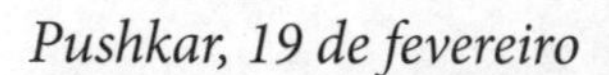

Pushkar, 19 de fevereiro

Pushkar é um dos cinco lugares sagrados (*dhams* — locais de peregrinação) do hinduísmo, e sua origem remota, mítica, associa-se a Brahma, o deus criador. Trata-se de uma pequena cidade de 14 mil habitantes construída ao redor do lago sagrado que leva o mesmo nome. Contudo, com a peregrinação constante e com os festivais periódicos (como a maior feira de camelos da Índia), a população flutuante é enorme. Só se pode transitar descalço nos mais de cinquenta *ghats* ou escadarias que dão acesso à água do lago (mantido sempre no mesmo nível, graças ao abastecimento artificial com água aquecida). Proíbem-se fotos dos peregrinos banhando-se no lago, e macacos, também sagrados, correm por todos os cantos. É preciso ter cuidado com o que se carrega, principalmente câmeras, para impedir que sejam levadas. Em Pushkar, território exclusivamente vegetariano, bebidas alcoólicas são proibidas. Turistas como nós, antecipadamente avisados, burlam a regra e se abastecem de bebida em bares e restaurantes nas vizinhanças da cidade.

De Pushkar a Jaipur, 20 de fevereiro

Subitamente, meio que do nada, aparece à nossa frente uma rodovia duplicada com três pistas em cada sentido, marcada por um canteiro central onde acabam de plantar árvores que servem de alimento para algumas vacas. O trânsito continua dominado pelos caminhões, praticamente todos da marca nacional Tata, a grande indústria de veículos indiana. Às vezes parece que a Índia inteira é transportada por caminhão. Rebanhos de cabra também cruzam aquela que, em outro contexto, seria considerada uma autoestrada. Há até o desenho de faixas para pedestres que, sem sinal de tráfego, perdem o sentido. De repente, aparece um caminhão trafegando na terceira faixa, no sentido inverso. Uma doideira. Praticamente não há sinalização às margens da rodovia, o que, deduzo, na prática se torna dispensável, pois a sensação é a de que não seria obedecida. Logo adiante, na faixa do nosso lado, um carro trafega no sentido contrário a uns setenta quilômetros por hora. Como diz um ditado por aqui, nas estradas da Índia, precisamos de "bons freios, boa buzina e... boa sorte!".

Em Jaipur leio no *Hindustan Times*: Tata Motors, segunda produtora de automóveis da Índia, investirá no vasto mercado de carros pequenos para a classe média [inventará anos depois o Tata Nano, menor e mais barato carro do mundo]. Jaipur foi escolhida entre as sete cidades indianas que servirão de modelo ao novo plano turístico nacional. "Festival muçulmano" em várias partes da cidade; roubo de joias de um eunuco; prostituição masculina entre modelos em Délhi... O festival muçulmano é realmente uma efeméride. Foi possível confirmar por um desfile que deixou o trânsito caótico e encheu as ruas de gente, tocando tambores, carregando uma espécie de bolo (também presente em carros alegóricos). Um quinto da população de Jaipur, cerca de quinhentas mil pessoas, é muçulmano.

Jaipur, 21 de fevereiro

Encontro com meu amigo internauta Aryan. Pertence a uma família "média" indiana de seis pessoas. A casa conta com 15 empregados, cinco só para cuidar do jardim. Frente a essa quantidade de empregados e do preço dos serviços, vejo que os indianos ricos provavelmente são capazes de superar em privilégios a classe média alta brasileira. O casamento de Aryan foi arranjado pelos pais quando ele tinha 28 anos. Como em toda família indiana rica que se preze, estudou no exterior — Washington. Arquiteto, trabalha no mesmo setor que os pais, o de restaurações, num programa ligado à Unesco. No seu ponto de vista, um dos maiores problemas do país é não haver lei para punir "os pichadores e os destruidores do patrimônio". Contou-me que uma das mais recentes restaurações da qual participou fora destruída poucos meses depois. A partir de sua perspectiva de classe, mostrou-me, de carro, outra Jaipur, moderna, com amplas avenidas, muitos carros particulares, os palácios do governo (com um grande parlamento), um duplo campus universitário e um grande prédio de exposições, onde vimos uma bela mostra de fotos do Rajastão. Disse-me que a empresa Tata Motors deve seu sucesso aos preços imbatíveis dos carros que produz, caminhões e ônibus [hoje fabricados em *joint-venture* com a brasileira Marcopolo] feitos com material mais rústico (alguns reclamam da qualidade) e mão de obra relativamente barata. Muitos veículos na Índia, como vans e ônibus menores, são *homemade* — há um constante reaproveitamento de peças e motores. Aryan é muito crítico dos serviços indianos, inclusive da segurança. Quando comento que vejo poucos policiais nas ruas, ele explica que isso não ocorre exatamente porque o país é seguro e "não precisa", mas porque muitos "trabalham pouco e ganham muito com a corrupção".

À noite fomos assistir a um filme de Bollywood (contração do antigo nome de Mumbai, Bombaim, e Hollywood), a potente indústria cinematográfica indiana, num cinema gigante para duas mil pessoas, o Raj Mandir. Um ambiente único, com famílias inteiras e muitas crianças, inclusive de colo, pois os filmes não têm limite de idade. Mesmo sem entender uma palavra de hindi, o que se curte mesmo é o espetáculo da plateia. Crianças correm pelo cinema o tempo todo. Há um intervalo de 15 minutos no meio das aproximadas três horas de projeção. Segundo os próprios indianos, trata-se de filmes simplórios, previsíveis, contando histórias semelhantes, em geral musicais muito românticos. Ao que assisti era marcado por muito sofrimento amoroso e ciúme doentio para, como sempre, acabar tudo muito bem no final (que não vimos, pois o cansaço nos venceu depois de mais de duas horas de filme). Na compra de ingressos há filas separadas para homens (bem maior) e mulheres, e, quanto mais próximo da tela, mais barato o ingresso.

Nossa viagem passou ainda por Udaipur, Agra (do Taj Mahal) e Varanasi (Benares), onde os violentos contrastes e a riqueza da cultura indiana continuaram nos impressionando. Varanasi foi uma das cidades mais impactantes, especialmente por mobilizar, quase o tempo inteiro, todos os nossos sentidos. Infelizmente não pude fazer o passeio pelo Ganges por força de um problema intestinal que acabou se estendendo por toda a viagem de retorno a Délhi. Por sorte, ainda que numa das extremidades do trem, encontrei um "banheiro ocidental" (como é chamado) com vaso sanitário, pois minha debilidade não me permitiria equilibrar-me no banheiro "indiano", constituído apenas de duas marcas no chão para apoiar os pés. Mas dizem que intestino algum passa incólume a uma visita à Índia. Assim, posso considerar-me um felizardo por isso só ter acontecido no final da viagem.

A Índia, dizem muitos, é um país por onde se passa sem que jamais se volte a ser a mesma pessoa. Uma avalanche de sensações brota o tempo todo, e questionamos em cada esquina as nossas certezas ocidentais e seu legado eurocêntrico. É verdade que não se precisa ir à Índia para ter esse aprendizado; vivenciamos também nossos Outros aqui, do nosso lado, ainda que tantas vezes ignorados. Mas, na Índia, os contrastes são tão visíveis, tão evidentes e disseminados, que fica muito mais difícil ocultar ou ignorar esse Outro.

Cena de rua em Pushkar

CHINA: DE PEQUIM AO TIBETE[1]

A Grande Muralha e as tumbas da dinastia Ming são tão surpreendentes quanto o burburinho da metrópole e a programação "teleguiada" da empresa que nos leva a todos os cantos, o dia inteiro, sem escolha ou maleabilidade alguma. Tudo parece pré-traçado. Aprende-se que, se o guia não fizer as paradas na "loja da amizade" que o governo montou para sugar o bolso do turista estrangeiro, ele e o motorista serão obrigados a pagar multa pesada. Propusemos — os 13 componentes do grupo — substituir a segunda parada "para compras" (nunca previamente anunciada) por uma boa ducha e um pequeno descanso no hotel antes do jantar: foi assim que o guia, para não perder a nossa simpatia, confessou, mesmo temendo represálias, a pressão a que estava sujeito.

Nessa sociedade verdadeiramente "de massa" (embora não exatamente no conceito ocidental), onde tudo é ao mesmo tempo doida confusão e rígido controle, aprende-se logo que, para sobreviver, é preciso uma boa dose de paciência, obediência (ou submissão) e... subterfúgios para driblar as regras. O povo parece de uma simpatia-empatia fabulosa. Os efeitos da entrada do capitalismo já são bem claros (estamos em 1992), e isso, de modo contraditório, justifica em parte a descontração dominante. A possibilidade de o indivíduo formar sua própria empresa acirra a competição, acentua as desigualdades e faz proliferarem mercados e barraquinhas (ou simples amontoados de artigos sobre as calçadas), dando um colorido e um movimento inusitado à cidade.

Pequim nos envolve pela imensidão de suas artérias (com avenidas em linha reta de até quarenta quilômetros) e pelo fluxo humano, formigueiro que não para, dia e noite, sem dúvida o maior espetáculo desta megalópole. O contraste de muitos mundos e distintas eras que confluem nas amplas e modernas avenidas, ou nas ruelas tradicionais dos velhos subúrbios, é um fenômeno ímpar. A surpreendente e rápida modernização recente da cidade transfigurou-a de modo radical, como em Qiamen, em pleno centro, vizinho à famosa praça Tiananmen.

---

1 Este relato de viagem tomou como base alguns trechos já publicados ao longo do livro *China: entre o Oriente e o Ocidente* (editora Ática, 1994, fora de circulação). *(N. do E.)*

Nosso circuito parece ter sido propositalmente planejado para nos mostrar antes de tudo o lado "Hong Kong" de Pequim (não é à toa que as joint-ventures que o construíram foram formadas em grande parte com empresas da [então] colônia inglesa). Viemos direto a um hotel de 52 andares que é o símbolo mais imponente da ocidentalização de Pequim. Olho pela janela, às 11 da noite, e a cidade continua pulsando lá embaixo. Meu quarto de quarenta metros quadrados, do tamanho do meu apartamento no Brasil e maior do que grande parte das habitações chinesas, fica no 16º andar, e a vista sudeste de Pequim é soberba. Há inúmeros edifícios novos, quarteirões de velhas casas geminadas sufocadas pela emergência dos prédios de apartamentos e das indústrias que se misturam à área residencial: a confusão de usos do solo é a marca.

Quando se desce à rua, porém, a cidade aparentemente sem nexo de repente se impõe por suas imensas e largas artérias, rasgando a enorme planura em todos os sentidos. A circulação também é uma mistura entre o confuso e o organizado. Todo meio de transporte parece admitido num trânsito que transporta de tudo e a todos os lugares ao mesmo tempo. Nas pistas laterais, às vezes separadas por um canteiro, circula todo tipo de veículo de duas e três rodas, carregando gente, mudanças, material de construção, legumes, roupas e até lixo orgânico, que muitos coletam nos restaurantes para alimentar os animais ao lado de casa. Nas pistas centrais, outro vale-tudo onde rodam caminhões, ônibus, trólebus, camionetas, motos de um ou dois passageiros e os primeiros automóveis particulares que, antes privilégio dos dirigentes, são agora o maior símbolo de status.

Nosso guia local, felizmente solícito, responde mesmo às questões mais espinhosas e arremata sua fala ou nossas opiniões sempre com um sorriso, até quando um colega chama a avenida junto à praça Tiananmen de "avenida da repressão". Apesar do sorriso, gentileza confundida com obrigação, ele aos poucos vai revelando as multirrestrições do cotidiano chinês: casamento somente depois dos 25 anos, permissão de um único filho (dois no caso de algumas minorias étnicas ou se o primeiro for menina, para impedir os altos índices de infanticídio feminino [lei que só foi ampliada para dois em 2016]), liberdade de viajar restrita às grandes cidades, extrema dificuldade para mudar de residência frente à existência do *hukou*, o cartão de moradia que garante serviços públicos... Tentando justificar essas imposições, o guia aponta para os ônibus superlotados e nos indaga: "Haveria outra forma de organizar a confusão neste que é o maior formigueiro humano da Terra?"

Pequim, enquanto capital do país e ao lado da nova Xangai, pode ser vista como um espelho da "Nova China", que a burocracia dirigente afirma que, com o tempo, poderá alcançar todo o interior do país. As contradições dessa "modernidade" (ora dita "socialista", ora capitalista) defendida pelos governantes e empresários chineses ficam bem evidenciadas nesta afirmação que encontrei no *Renmin Ribao, O Diário do Povo*: "Bem compreender e utilizar o capitalismo é útil para a modernização do socialismo chinês, assim como para a aceleração do progresso da humanidade." Ou, na famosa frase do líder Deng Xiaoping quando do início da abertura capitalista chinesa, no final dos anos 1970: "Pouco importa que o gato seja preto ou branco, contanto que pegue o rato." Assim, ora o capitalismo "é útil para a aceleração do progresso", ora é o veículo da "poluição espiritual do Ocidente".

De Pequim tomamos um voo para Lanzhou, no centro-oeste chinês, iniciando assim nossa viagem pelo interior mais distante e perfazendo o circuito pelos principais monastérios lamaístas, por terra, de ônibus, até o coração do Tibete. Efetivamente uma "viagem aventura", como divulgado pela agência francesa a que recorremos. À medida que se penetra nas pequenas cidades e áreas rurais do país, a modernidade se rarefaz e as culturas locais manifestam não apenas a China mais tradicional, mas também as múltiplas Chinas representadas por espaços e etnias que se alternam numa diversidade impressionante.

Ao descermos no aeroporto de Lanzhou, capital da província de Gansu, um "corredor histórico", ponta de lança na conquista do oeste chinês, deparamo-nos com mais uma face da grave questão ambiental — depois da poluição urbana de Pequim, agora uma problemática do mundo rural. A harmonia dos belos campos irrigados vizinhos ao Huang Ho, o rio Amarelo, que divisávamos do avião, parecia converter a aridez agressiva e inóspita dos desertos da Mongólia Interior (região autônoma chinesa) num mar de fertilidade e bem-estar. Mas, à medida que o avião ia descendo, surgiam, em meio ao tapete colorido das plantações, enormes crateras de formas estranhas, como pegadas de um gigante. A impressão era a de que alguma força sobrenatural estaria sugando a terra, num solo "fofo" (do tipo loess, formado pela erosão eólica), muito espesso e plano onde as imensas "pegadas" mais pareciam grandes feridas na pele lisa e uniforme das plantações.

A guia local, sem nos convencer da definição de Gansu como "a mais bela província da China" (geógrafos franceses que eu havia lido a denominavam "o modelo de província pobre" do país), explicou que aquele cenário correspondia a escavações feitas pelos camponeses a fim de obter argila para a fabricação de tijolos, acumular água durante a curta estação de chuvas ou mesmo para se abrigarem durante as tempestades de areia. Profundos vales construídos pelo homem, no fundo dos quais se abrigavam grandes e rudimentares olarias, confirmariam logo adiante a intensidade das múltiplas formas de erosão, numa área que lembra uma paisagem lunar. Assustadoras, mais adiante essas múltiplas formas de erosão incluiriam perigosos deslizamentos de terra que interromperam por três vezes a nossa viagem, estendendo-se dali até o sul do Tibete. Como se trata da região menos ocupada do país, imagina-se o que poderá acontecer com a intensificação da migração para essas áreas.

O Huang Ho, segundo rio do país, só perdendo em extensão para o Yangtzé, é considerado "o tormento da China". A coloração amarelada que lhe dá nome resulta da intensa carga de sedimentos carreados do planalto de loess, que cobre cerca de seis por cento do território chinês e lhe proporciona algumas de suas terras mais férteis. Ao mesmo tempo, porém, esse platô é altamente suscetível de erosão por ter se originado da deposição de partículas muito finas provenientes de áreas desérticas e subglaciais. A deposição de sedimentos quando o rio chega às planícies, mais a leste, provoca o assoreamento de seu leito e o consequente aumento do nível das águas, principalmente no período das cheias. Isso levou, de longa data, à construção de diques para represar as margens e evitar inundações, de tal modo que em alguns pontos a superfície das águas do rio chega a ficar dez metros acima das várzeas circunvizinhas. Daí se depreende que "o tormento da China" poderá ser ainda maior no futuro.

De Lanzhou seguimos para Xiahe, onde se localiza o monastério budista de Labrang, um dos seis da escola tibetana Gelug ou Gelupka, também chamada dos boinas amarelas. Trata-se de uma parte importante da antiga região tibetana de Amdo, onde, na localidade de Taktser (ou Tengster), nasceu o atual Dalai Lama e, no monastério Ta'er, que também visitamos, próximo a Xining, na província de Qinghai, nasceu o fundador da escola Gelug. Apesar das restrições impostas pelo regime chinês, a vida monástica retoma gradativamente importância, e a reverência ao Dalai Lama é explícita.

Num vilarejo do interior do Tibete, ao abrir o guia onde constava uma foto do líder religioso, fui cercado por vários peregrinos e não vi outra opção senão recortar a foto e presenteá-los. Foi um alvoroço.

A estrada entre Lanzhou e Xiahe estende-se por 260 quilômetros de uma incrível diversidade geográfica, do deserto às florestas de coníferas. Ao longo do caminho, as montanhas de até quatro mil metros se vestem de todas as cores ou, ao contrário, se despem de todas elas. Processos erosivos humanos e naturais se confundem, manifestando todas as suas formas. Em meio a essa natureza em transformação, surge a atração maior, que torna ainda mais fascinante essa materialidade: os grupos culturais que se cruzam e se alternam entre um vale e outro, como se delimitassem territórios onde se enraízam e nos quais encontram a razão de sua existência. Ficamos sabendo que na pequena região entre Lanzhou e Xiahe vivem representantes da importante minoria hui, cujo distintivo dos chineses é apenas a religião islâmica (com seu distrito autônomo de Linxia), turcos uigures (parcialmente budistas), mongóis e tibetanos, além dos dongxiang de idioma altaico e traços arianos. Muitas seriam nossas paradas para admirar a paisagem, os hábitos locais, o povo e a alegria contagiante das crianças.

Monastério Labrang

No alto das montanhas agora verdes (é verão), na direção de Xiahe, os tibetanos budistas adoram os rios e estendem tendas brancas sobre os montes para mais uma festa religiosa, enquanto nos amplos vales feito oásis, mais abaixo, os muçulmanos da minoria hui enchem as estradas de trigo para que os veículos pesados os auxiliem a trilhar, separando os grãos e a palha forrageira. Nos vilarejos, a marca do "novo" da China oriental parece ser o burburinho e o colorido das feiras, segundo o guia ainda mais animadas desde a liberação do comércio privado.

No restaurante do hotel em Xiahe, uma antiga residência de verão dos budas vivos, de arquitetura típica, um grupo de uigures turcos (dominantes na região autônoma ocidental do Sinkiang) festeja não sei bem o quê, num alarido ensurdecedor, e nos avisa que não tiremos fotos. À beira da estrada, cinco monges almoçando sobre a relva, apesar de também não quererem ser fotografados, com satisfação nos oferecem biscoitos de cevada recém-saídos da frigideira. Crianças tibetanas e chinesas (da maioria han) nos afagam, pedem canetas e posam contentes para fotos. Para algumas é o primeiro encontro com um branco ocidental (passam a mão no nosso braço ao perceberem pelos). Um colega presenteia as meninas com amostras grátis de perfume francês; sinto-me um pouco como um antigo explorador colonial ao ver a reação do outro num misto de fascínio (pelo "exotismo") e preconceito (pela consideração de "atraso").

Do meu quarto no hotel, ouço o som agradável das corredeiras do rio e da chuva que, afastando-se pela manhã, deu um colorido mais viçoso ao céu e às montanhas. Lembramos os jovens monges que encontramos rezando na estrada, e uma colega me indaga o que fazem eles reclusos num monastério isolado, nestas montanhas onde todos estão "perdidos", na nossa leitura europeia e ocidental de mundo. Na volta os encontramos nus, numa descontração inusitada, tomando sol deitados sobre o asfalto depois de um banho (sagrado) no rio. Tudo pode parecer contraditório, difícil de ser compreendido por um ocidental. A alteridade que se revela a cada instante coloca em questão nossas preconcepções sobre as culturas e os modos de vida do Oriente. Fica evidente que só os compreenderíamos de fato vivendo, compartilhando suas crenças e o modo como percebem e experimentam seu espaço, numa relação indissociável com a natureza.

Monastério Ta'er

Toda essa heterogeneidade cultural e étnica evidencia uma diversidade da qual raramente os ocidentais fazem ideia quando se fala do território e do povo chineses. Sob o domínio da principal nacionalidade, o grupo han, que engloba 93% da população, vivem outros 55 grupos culturais, alguns altamente representativos, pois não podemos esquecer que sete por cento de uma população tão numerosa como a chinesa equivale a mais da metade da população brasileira. Além disso, precisamos considerar que as áreas ocupadas por essas etnias correspondem a quase metade de todo o território, geralmente regiões mais inóspitas, mas politicamente estratégicas e ricas em recursos naturais, como no caso do Tibete.

O governo central alega que a migração dirigida de milhões de chineses han para regiões menos povoadas e antes quase exclusivamente habitadas por minorias étnicas, como no caso do Sinkiang uigur, muçulmano e turcófono, "ajudará o desenvolvimento e a defesa nacionais", além de constituir uma "solução demográfica" para a densamente ocupada região leste do país. Em locais mais inóspitos como o Tibete, entretanto, mesmo com incentivos como salários mais elevados, essa política teve pouco sucesso.

Lago Qinghai

De Xiahe, em estradas precárias, seguimos para Xining, a capital da província de Qinghai, uma das maiores da China, no centro-oeste do país. Próximo à capital, visitamos o belo monastério de Ta'er (Kumbum em tibetano), um dos mais representativos da escola Gelug. De Xining, seguimos rumo ao lago Qinghai (Kokonor em idioma mongol), o maior da China, com 4.300 km^2, rumo a áreas cada vez mais desérticas, até Golmud, trecho em que tivemos um pequeno acidente. A combinação do tráfego de caminhões com a pista estreita acabou fazendo com que o espelho retrovisor do ônibus fosse quebrado e o vidro fosse parar na primeira poltrona, justamente onde me encontrava. Acabei engolindo um pouco de vidro, problema resolvido ao comer um pedaço de pão. O motorista, enfurecido, resolveu voltar atrás do caminhão. Para ir mais rápido, deixou-nos no meio do deserto, sem nenhuma sombra, ao lado de uma duna. Foi uma experiência inusitada. Felizmente, quarenta minutos depois ele retornou com o motorista do caminhão, com o qual seguimos até Golmud para prestar queixa à polícia e ele arcar com os danos.

Ao depararmos com o mapa da geografia física da China, surpreende a vastidão do platô tibetano, quase dois milhões de quilômetros quadrados acima de três mil metros de altitude. Felizmente nossa viagem de ônibus, num total de dois mil quilômetros entre Lanzhou, na província de Gansu, Golmud, na província de Qinghai, e Lhasa, no Tibete, permitiu que passássemos aos poucos dos 1.600 metros de altitude de Lanzhou para os 2.800 de Golmud e, de modo um tanto mais problemático, para os 5.200 do "passo de estrada mais alto do mundo", na divisa político-administrativa entre Qinghai e Tibete, o passo de Tangla. Ali, uma colega do grupo, fumante, desmaiou, e tivemos de acelerar até um ponto mais baixo, num vale, para ela se recuperar. Eu tinha a sensação de estar bêbado, e desci do ônibus meio cambaleante para uma foto junto ao marco que apontava o recorde de altitude, temeroso por uma ameaça de gripe que me acompanhava desde Lanzhou.

Golmud é uma espécie de "cidade de faroeste" (e está mesmo no "distante oeste" chinês), antigo posto avançado da ocupação chinesa nos desertos ocidentais do país. Conta com pouco menos de duzentos mil habitantes e vive da indústria petroquímica, de gás e extração mineral. Tive a sorte, ali, de visitar a família do guia Lyào ("Leon", como era conhecido pelo grupo). Estudante de Letras em Pequim, havia dois anos ele não via seus pais. Convidou-me para acompanhá-lo à casa muito simples da família, na periferia da cidade, já próxima ao deserto. Muito receptivos, assim que chegamos eles foram matar um frango para o jantar (o frango mais apimentado que já comi). Lyào também aproveitou para rever o irmão,[2] que passava alguns

[2] Seu irmão acabou se tornando um grande amigo e correspondente assíduo. Três anos mais tarde, eu voltaria para conhecer o sul da China e visitá-lo, em Kunming. Como era ano-novo chinês, quando o país inteiro viaja, acabei tendo muita dificuldade para conseguir passagem de trem de Cantão para Kunming (fui obrigado a ficar mais quatro dias em Hong Kong e só consegui o bilhete pagando uma "taxa extra"). A vantagem foi poder reunir-me com vários de seus familiares e realizar muitos passeios conjuntos. Três anos depois, já formado e cursando pós-graduação nos Estados Unidos, visitei-o num bairro da diáspora chinesa em Los Angeles. Mais tarde ele retornaria para casar e trabalhar em Xangai.

dias de férias com os pais, estudante de Economia numa distante cidade do sul, Kunming, capital da província de Yunnan.

A estrada de mil quilômetros entre Golmud e Lhasa, além do espetáculo do planalto tibetano, sua planura, as ocasionais cadeias de montanhas, os vales e os lagos de múltiplas cores, é quase um deserto humano, com raros vilarejos, o que dificultava até mesmo conseguir comida para o grupo. A vizinhança acabava sendo mobilizada, e a comida, como em outros lugares da China, era preparada sempre numa enorme frigideira e na mesma gordura (neste caso, manteiga de iaque, espécie de búfalo tibetano do qual praticamente tudo se aproveita). Liberada havia apenas dois anos para visitantes ocidentais, a rodovia ainda era ocupada basicamente por militares chineses, cuja presença parecia ostensiva em todo o Tibete. [Quinze anos depois, em 2006, foi inaugurada no mesmo trajeto uma moderna ferrovia garantindo a ligação por trem entre Lhasa e Pequim.]

Mendiga tibetana

A comida no Tibete reservava algumas surpresas. Numa das paradas, para fazer "uma social" com o motorista e o guia, aceitei brindar com eles com uma bebida tradicional do local: chá preto misturado com uma colher grande de manteiga de iaque. O problema é que, da mesma forma que fazem com bebida alcoólica, todos brindam e bebem juntos a cada novo copo ou, nesse caso, xícara. Confesso que foi um sacrifício, para quem pretendia apenas provar, chegar à terceira xícara, mas valeu pela confraternização com nossos anfitriões. Ruim mesmo foi provar uma iguaria da culinária chinesa em Shigatse: ovos enterrados por meses, às vezes anos. A clara era transparente, e a gema, azul. Passei tão mal, com dores tão agudas depois dessa experiência culinária, que tive de cancelar a visita ao principal monastério da cidade. Em compensação, numa viagem em que iogurte era coisa rara, foi uma grata surpresa descobrir no Tibete o saboroso iogurte feito com o leite de iaque. Na viagem, pelas dificuldades de apoio no trajeto, muitas vezes não tínhamos outra opção a não ser levar nossa própria comida, acondicionada em caixinhas de papelão e degustada em alguma sombra ao longo do caminho (muitas vezes um simples descampado, pois árvores, naquela altitude, são raras).

Numa das paradas da estrada, tivemos aquela que, para um ocidental, pode ser considerada a visita mais sinistra da viagem: o local destinado a cerimônias fúnebres, os chamados "funerais celestes", que persistem em algumas áreas do budismo lamaísta (em sua vertente Vajrayana). Tendo lido o livro de um viajante francês sobre o Tibete que contava em detalhes a cerimônia, atrevi-me a fazer uma longa caminhada montanha acima para conhecer o local e apreciar a paisagem. Trata-se de um ritual ligado à crença de que o corpo, como simples veículo espiritual, deve ser consagrado num último ato de caridade e compaixão: prover alimento para outros seres vivos, nesse caso, os pássaros (em geral abutres). Assim, o processo de "escarnação" envolve uma ação meticulosa até que os próprios ossos, triturados e às vezes misturados a outra substância, também sejam ingeridos como alimento.

Há pessoas e até um monastério especializados nesse cerimonial, uma herança milenar hoje em claro declínio. Uma das explicações alegadas para o funeral celeste é de natureza geográfica: a ausência de árvores para a obtenção de lenha para cremações (a maior parte do Tibete está acima da altitude que permite o crescimento de florestas) e o ambiente rochoso que dificulta escavações para sepultamentos. No local havia apenas pedras e objetos, como um pequeno machado, utilizado para o ritual. Os abutres são considerados aves sagradas e respeitados pelo budismo na medida em que não matam outros seres e aceitam o curso natural dos eventos.

Nossa viagem permitiu perceber com clareza o quanto o "Tibete cultural", vivido, é muito mais extenso do que o Tibete reconhecido oficialmente pela China como região autônoma. Apesar da plena incorporação pela China e da presença ostensiva de seu aparato militar, os tibetanos, à sua maneira, continuam resistindo. Uma experiência que vivemos foi bem sintomática da reafirmação da identidade do budismo lamaísta e do fortalecimento da resistência tibetana ao domínio de Pequim. No monastério de Deprung, em Lhasa, a capital da região autônoma, conseguimos ser recebidos pelo lama, autoridade máxima do templo. Após quase meia hora de insistência, nosso guia conseguiu convencê-lo de que, conforme fora solicitado, não faríamos pronunciamentos e nem sequer abordaríamos questões de ordem política. A audiência constou de bênção e oração proferidas pelo monge ao nosso grupo. Ao final, foi oferecida a cada um uma pequena estatueta de Buda, em cerâmica, que até hoje guardo comigo, envolta em um tecido amarelo e

Menina num vale do Himalaia

acompanhada de uma mensagem em tibetano (que utiliza o alfabeto sânscrito). Ao traduzi-la, surpreendemo-nos com o seu caráter de denúncia política: a imagem, além de se afirmar conter vestígios de "pequenas bolas brancas" que teriam crescido no corpo de Buda após sua morte, provinha de "fragmentos de estátuas destruídas pelos chineses durante a ocupação de templos no período da (chamada) Revolução Cultural" de Mao.

Nadong

Entre as iniciativas propostas pelos chineses e que sofreram a resistência dos tibetanos está a sedentarização compulsória de muitos nômades. Embora tenhamos encontrado ainda vários grupos com suas tropas de iaques e ovelhas nas áreas mais remotas da estrada e em terrenos junto a alguns monastérios, sua presença diminuiu sensivelmente nos últimos tempos. Muitos, contudo, ainda moram em tendas e deslocam os rebanhos para as partes mais altas no verão, integrando o nomadismo com as muitas peregrinações de até três semanas a centros religiosos, como Lhasa, Shigatse e Gyantse, que também visitamos. A sacralização da natureza se insere com muita intensidade nos ritos religiosos. Os passos das montanhas se transformam em "altar", com pedras e bandeiras multicores, numa forma de dirigir as preces aos deuses, e os lagos são considerados sagrados, evocando epopeias mítico-religiosas.

Para os ocidentais, especialmente os primeiros aventureiros que se lançaram para além do Himalaia, a imensidão do planalto e a exuberância das montanhas provocavam sempre uma sensação ambígua de fascínio e temor. Como disse Alexandra David-Neel, uma das raras ocidentais a viver no Tibete no início do século e que acabou se tornando uma tibetana, "esta monotonia é bem a expressão deste país onde tudo é desmesurado. E também a expressão de sua filosofia desmedida e de seu sentido extraordinariamente agudo da dor universal". Sob o efeito dessa paisagem sem limites, junto ao lago Turquesa (Yamzho Yumco), escrevi:

"O Tibete se dilacera em pedaços
de misérias que não se separam nunca
transfiguradas pelos deuses
E nesses despedaços sem fim
viramos ilha
ilha ocidental num mar inusitado
que o Himalaia revolveu um dia
e se impôs sem trégua
rasgando montanhas no céu
e semeando com oferendas e cânticos
a imensa pradaria
(...) Tudo aqui é uno
vida e tempo que o espaço
nestas águas arrasa e sacraliza
(...) Só um monge ou nômade peregrino
supera a solidão e compreende
a profundidade desses lagos e vales.
Perdidos, nossa dimensão aqui é completamente outra.
Aqui, prescindindo de nós,
todo o universo, subitamente, começa
e termina."

Monastério Deprung

Qinghai

Crianças dos províncias da Qinghai e Gansu

CAMBOJA E VIETNÃ

Angkor

CAMBOJA: ANGKOR E TONLE SAP

Saímos de Paris pela Vietnam Airlines às 23 horas e chegamos às 17 (13 em Paris) em Ho Chi Minh (antiga Saigon), onde aguardamos mais três horas no aeroporto, e depois um voo de uma hora até Siem Reap, no Camboja. Além do cansaço, a burocracia cambojana é um sufoco: dois formulários preenchidos ainda no avião, duas filas sucessivas para a retirada do visto, que deixei para fazer *in loco*, enfrentando dez funcionários diferentes, cada um deles responsável por uma pequena etapa do processo. Depois de tudo isso, uma alfândega onde é preciso que se faça o registro digital de todos os dedos das mãos...

Siem Reap

O Camboja surpreende logo na chegada pela pobreza e pela quantidade de crianças pelas ruas. No interior, especialmente, o trabalho infantil ainda é muito comum. Mesmo tendo sido uma colônia francesa, hoje o maior esforço é para falar inglês. Embora a moeda nacional seja o riel, há quem diga ser o dólar a moeda mais aceita, o qual circula amplamente por todo o país. A globalização capitalista é evidenciada pela difusão de marcas ocidentais, pelo vestuário e pela música (a propósito, como em grande parte do Oriente, os cambojanos são grandes fãs de karaokê). Na chegada, um problema: a reserva que havíamos feito pela Internet não existia, e tivemos de sair à procura de outra pousada. Felizmente em Siem Reap há muitas opções de hospedagem para todos os bolsos. Mas só fomos relaxar mesmo, depois de tão longa viagem, quando devidamente instalados. Para minha satisfação, na maior casualidade, fui recebido em nossa pousada com uma canção de Maria Rita. Não há dúvida de que em pelo menos dois quesitos o Brasil faz valer sua globalidade: a boa música e, ainda, o "antigo" bom futebol. No Vietnã, por exemplo, descobri a presença de vários jogadores brasileiros.

Nosso grande objetivo é conhecer Angkor, a antiga capital do império Khmer, que perdurou entre os séculos IX e XIV, constituindo um dos conjuntos arquitetônicos mais espetaculares da história humana. Mais do que uma "cidade perdida" no meio da floresta tropical, trata-se de uma "cidade esquecida", trazida novamente à divulgação a partir do século XIX. Patrimônio da Humanidade pela Unesco, a principal base de apoio para visitá-la é a cidade de Siem Reap. No entanto, não imaginávamos o quanto Angkor já havia se globalizado, inserida nos grandes circuitos do turismo internacional. Verdadeiras hordas de turistas, sobretudo orientais (chineses, japoneses e coreanos), também já chegaram por lá. Mas felizmente o magnífico complexo de templos, algumas vezes ainda tomado pela floresta, é tão vasto, artisticamente refinado e diversificado que, com jeito e com tempo (que felizmente tínhamos), se podem encontrar roteiros mais alternativos e fugir da multidão de visitantes, geralmente concentrada em torno de algumas das atrações principais. Ver o pôr do sol do alto do templo Preah Khan (do século XII), por exemplo, sempre indicado pelos guias, acaba se tornando um espetáculo às avessas, proporcionado pela multidão que disputa cada palmo das ruínas.

Motos e tuk-tuks — os "riquixás" motorizados com cabine para dois passageiros — tomam conta das ruas e estradas poeirentas e movimentadas do Camboja. Fazemos vários percursos em tuk-tuk. Um total de noventa quilômetros num dia, incluindo ida até os belos e mais remotos templos de Banteay Samré e Banteay Srei, apesar de cansativo, é compensador. No interior de um dos templos, recebi o convite de um monge budista para visitar a escolinha que ele mantinha apenas com doações de estrangeiros, o que nos emocionou. Ele se revela um monge nada convencional, pelo menos na nossa imagem ocidental preconcebida. Interessado por futebol, quer saber o destino de Ronaldo, para qual time, afinal, irá o jogador (estamos em 2012), e fica frustrado quando eu, com certeza menos interessado do que ele em futebol, infelizmente não tenho resposta pra lhe dar.

Banteay Samré

Pelas cidades médias e grandes por onde viajo, livraria sempre é uma visita obrigatória. Surpreendentemente, a melhor livraria (entre as poucas) de Siem Reap vende muitos livros cuidadosamente fotocopiados, coloridos, o que, é claro, barateia muito o produto e, num país pobre como o Camboja, virou um artifício ilegal que, ao ser "oficializado", acaba se tornando "muito legal". Meu guia *Lonely Planet* comprado no aeroporto de Ho Chi Minh por 28 dólares custa aqui apenas cinco. Mas a cópia, obviamente, não é a mesma coisa, principalmente para alguém com problemas de cores como eu.

Num dos cinco dias em Siem Reap, conhecemos também o impressionante ecossistema do grande lago Tonle Sap, que no inverno alimenta o rio Mekong e no verão é alimentado por ele. Percorremos num pequeno bote a grande floresta inundada, uma experiência única. Antes de chegarmos ao lago Tonle Sap, passamos por um canal cujas laterais são ocupadas por uma aldeia com residências que, como diz meu guia, "saíram de um set de filmagem", com impressionantes "arranha-céus de bambus", palafitas erguidas a uma altura de seis a sete metros. De fato, o resultado da adaptação do homem às condições naturais constrói uma paisagem dificilmente encontrável em outro canto do mundo.

VIETNÃ: DE HO CHI MINH AO DELTA DO MEKONG

Bitexco Financial Tower

Na chegada a Ho Chi Minh, um passeio de barco pelo rio, à noite, é um pouco frustrante – muito turístico pro meu gosto, mas dá pra perceber o quanto a cidade deve, historicamente, ao rio e ao porto, e o quanto a urbanização se intensificou nos últimos anos. Prefiro correr pelas ruas congestionadas de motocicletas, admirar a intensidade e, dependendo do local, a variedade (carregam um pouco de tudo) do fluxo e experimentar a verdadeira aventura da travessia.

Através da indicação de um amigo brasileiro que havia participado de um encontro de jovens da Igreja Católica na Ásia (há muitos católicos no Vietnã), me correspondi com um vietnamita durante alguns meses antes da viagem. Era um universitário de família migrante, proveniente de uma cidade do vale do Mekong, o qual, para custear os estudos, trabalhava em um hotel de Ho Chi Minh. Pelo que me contou, um trabalho extenuante, numa jornada de 12 horas de trabalho por dia, das 10 da manhã às 10 da noite, um único dia livre na semana e um salário proporcionalmente muito baixo. Deu pra perceber o quanto o novo "socialismo de mercado" — como se autodenomina o capitalismo de Estado vietnamita (semelhante ao chinês) — explora seus trabalhadores. Ele ainda não tinha conseguido comprar uma moto e transitava pela cidade de bicicleta, que antes era o transporte mais comum, mas hoje é ampla minoria, pois o mar de motos toma conta da cidade. Na chegada, nosso encontro foi rápido, num bar vizinho ao hotel, onde, mesmo não sendo um "cervejeiro", provei a boa cerveja local Saigon. No retorno da viagem pelo delta, com um pouco mais de tempo, ele me convidou para ir até o bairro onde morava, na periferia de Ho Chi Minh. Eu só não imaginava a dificuldade que enfrentaria para chegar até lá.

Encontrar o endereço, e sem celular para pedir ajuda, foi uma pequena aventura. Depois de meia hora praticamente na mesma avenida em linha reta que atravessa Ho Chi Minh (Saigon é hoje o nome restrito apenas ao distrito mais central da cidade), num bairro até pouco tempo atrás considerado zona rural (o que aqui não quer dizer muita coisa, pois a distinção entre rural e urbano, na maioria das vezes, é questão puramente político-administrativa), em meio a intenso movimento, o táxi me deixou em frente a um beco tão estreito e escuro que dava medo. Não havia o menor sinal do número do endereço que eu tinha, e o motorista, sem falar uma palavra de inglês, só soube assinalar com o braço que eu deveria entrar ali. Entrei temeroso na ruela escura, tentando interpretar os números sempre duplos, tipo 12/23, mas não havia triplos como o meu, que era 17/11/8. O emaranhado de ruas estreitas (por onde só passam bicicletas e motos) levou a essa direção complicada, em que cada número é o de uma das ruelas a seguir. Depois de várias tentativas de encontrar sozinho o local e sem saber muito bem como perguntar, arrisquei pedir informação a um grupo de senhoras que conversava em frente a uma casa. Obviamente elas não entendiam nada de inglês, mas me indicaram uma direção e segui. Outra informação ambígua mais à frente e já me considerava perdido. Até que, finalmente, encontrei alguém que, conseguindo entender algumas palavras de inglês, me levou até "o último número" do endereço, um beco sem saída onde, quase ao final, se encontrava a casa.

Fui muito bem recebido pela família que, embora humilde, vivendo numa casa muito simples e apertada, repleta de objetos e móveis, manifestou a receptividade típica dos orientais, que prezam muito uma boa refeição: haviam preparado uma mesa farta, e fiquei preocupado imaginando quanto teriam gastado para me receber. Como sempre, praticamente todos os pratos eram muito apimentados, mas, é claro, esquecendo a gastrite, brindei comentando que a refeição estava muito boa.

Na volta, meu amigo sugeriu que eu seguisse de moto, mais ágil e barato, mas recusei com convicção. A experiência no inseguro mar de motos da antiga Saigon já seria um pouco demais. Porém, não imaginava que pegar um táxi envolvia ainda outra aventura: cruzar uma das avenidas mais movimentadas de Saigon à noite, sem sinal. Quando meu amigo informou que eu pegaria um táxi do outro lado e que iríamos atravessar no meio daquele fluxo infernal de motos e alguns carros em alta velocidade, pensei que estivesse brincando. Falei que era loucura, mas ele já estava fazendo sinal e gritando para um táxi (pois não são frequentes) passando do outro lado, e me convenci de que teria mesmo de enfrentar o "dragão". Aquela profusão de luzes na minha frente inspiraria um filme de James Bond. Ou de terror. Ele segurou firme no meu braço, e eu segui, incrédulo.

A única alternativa para atravessar uma rua em Ho Chi Min, ao contrário do que estamos acostumados, não é correr, mas manter a calma e caminhar devagar, parando. As motos, assim, se encarregam de desviar de você. Não que elas diminuam a velocidade, mas poderão decidir por onde passar. E assim foi. Lado a lado do "segurança", ele comandava os passos, e eu só percebia motos chispando na minha frente. Até que, como num passe de mágica, estávamos no canteiro do meio da avenida. Dei-lhe um abraço agradecido, entrei e relaxei como nunca na tranquilidade do banco e do ar-condicionado do meu táxi. Fora as voltas que ele deu e que aumentaram em vinte por cento o preço da corrida em relação à ida, tive a certeza de ter vivido uma grande experiência.

Uma curiosidade em relação aos motociclistas é que todos obedecem à lei de usar capacete, mas, como em outros subterfúgios de sobrevivência num país pobre, em função de a lei não detalhar a qualidade, os capacetes são bastante frágeis e, claro, baratos, vendidos por todo canto da cidade. Para se ter uma ideia das disparidades, um bom capacete (muito raro de se ver pelas ruas) tem o mesmo valor de uma moto chinesa mais simples. A mais barata vale a bagatela de duzentos dólares; as mais caras, por volta de quatro mil.

No dia seguinte à nossa chegada, saímos rumo a My Tho, no delta do Mekong, por uma autoestrada que é a segunda construída no país (a primeira parte de Hanói), obra concluída pelos japoneses há apenas dois anos. Ao longo da estrada, observam-se áreas inundáveis sendo aterradas, com areia vinda de longe, para a construção de novos conjuntos habitacionais. O problema de espaço aqui, como na China, é sério: afinal, trata-se de um país de noventa milhões de pessoas numa extensão equivalente à soma da área dos estados do Rio Grande do Sul e do Rio de Janeiro. Isso sem falar que a população está muito concentrada em apenas duas regiões, a do delta do Mekong e ao redor de Ho Chi Minh, ao sul, e a do vale do rio Vermelho, em torno de Hanói, ao norte. Comparativamente, a população conjunta desses dois estados brasileiros equivale a menos de um quarto da do Vietnã.

Em nossa estada no delta ficou muito evidente essa alta densidade, a começar pelo movimento de barcos de todo tipo. Embora sofra hoje a concorrência das estradas, veem-se com frequência pequenos rios ou canais tomados de barcos repletos de vários tipos de carga. Toda a rodovia A1, o grande eixo que liga o país de norte a sul, mesmo não sendo duplicada, tem cobrança de pedágio, e motos e caminhões são os meios de transporte que mais circulam.

No dia de nossa viagem, comemorava-se o aniversário do Partido Comunista (PC), o partido único nacional, cujas bandeiras se espalhavam por todo canto. Mas muitas delas, confirmaríamos depois, estão difundidas o tempo todo, independentemente da data, manifestando a onipresença (e onipotência) do PC. Bandeiras vermelhas podem estar em ruas e estradas, monumentos (alguns marcados pelo gigantismo e pelo mau gosto) e entradas de loja. Coincidindo com o início da abertura econômica ao capitalismo, em

1986 o Vietnã teve uma "pequena perestroika", logo abafada pelo governo, com os oponentes ao regime encarcerados. Um guia nos garante que agora são permitidas manifestações políticas no país, mas, ao pedirmos um exemplo, ele só se lembra da manifestação "popular" de 2011, praticamente convocada pelo partido, contra a presença de navios chineses nas ilhas Spratly, alvo de intensa disputa entre diversos países da região.

O turismo tem sido muito estimulado, embora seja um setor amplamente controlado pelo Estado e ainda com deficiências e restrições (não é permitido aluguel de carros, por exemplo). Famílias podem receber turistas estrangeiros, e foi esse o tipo de hospedagem que eu e minha amiga francesa escolhemos, no delta e numa aldeia do norte do país. Atravessamos um dos principais canais do Mekong e descemos numa ilha onde o ancoradouro estava escondido atrás de um mar de aguapés, essa praga aquática que o Vietnã importou da bacia amazônica. Abrindo um círculo entre as plantas, um homem tomava tranquilamente o seu banho.

Braço do delta do Mekong

Túmulo em frente de casa

Há comunicação por pequenas calçadas dentro da ilha, que se transformam também em caminhos para bicicletas e motos. Acompanhando de longe um motociclista equilibrando nossas malas sobre a moto chegamos até a casa onde ficaríamos hospedados. É bastante curioso ver no interior do delta muitos túmulos, em geral destacados pela pintura branca, construídos nos jardins das residências ou no meio das propriedades agrícolas. No caminho, passamos por um barzinho com vários jogadores de dominó, prática muito comum no local. Chegando, fomos recebidos pelo dono da casa, sua esposa, o filho com a mulher e duas filhas pequenas, todos morando juntos. O quarto é coletivo, com várias camas, como um minialbergue. As paredes lembram uma paliçada, e a cama é muito dura, como eu gosto. Embora banheiro não seja um problema, só há água fria. O único empecilho para dormir à noite foi a criança pequena que chorava muito.

Uma empregada auxilia na cozinha, para onde se dirige minha amiga, apreciadora da boa culinária, que logo aprende a fazer uma panqueca considerada especialidade da casa. Percebe-se que comer e beber são grandes prazeres vietnamitas (não é à toa que sua culinária é mundialmente famosa). A base da alimentação em todo o Vietnã é o porco e, em algumas regiões litorâneas ou aqui no delta, também o peixe. Arroz e legumes cozidos são os acompanhamentos costumeiros. Alguns restaurantes fazem verdadeiras esculturas com legumes para ornamentar os pratos. A tradição é tamanha que encontramos até mesmo um livro dedicado apenas a esse tipo de decoração culinária, muito apreciado por minha amiga francesa.

Normalmente os vietnamitas comem um bom prato de comida (que pode ser uma sopa suculenta) no café da manhã. Como eu e minha amiga gostamos muito de láteos e chocolate, verificamos logo que são raros, provavelmente pela escassez de áreas de pecuária. No interior e nas pequenas cidades, encontramos somente um iogurte ralo e açucarado e uma barra de chocolate que, mesmo considerado "amargo", tinha apenas dez por cento de cacau. Sucos são raros nos nossos cafés da manhã e, quando aparecem, vêm aguados. Minha amiga fica surpresa ao descobrirmos que, embora muito pequena, há produção de vinho no Vietnã (especialmente o vinho Dalat), restrita a uma região montanhosa do sul do país. Os vietnamitas são tão aficionados por carne de porco e tão imaginativos que inventaram até uma batata frita sabor "churrasco de costeleta de porco brasileiro" (*Brazil BBQ PorkRip Flavor*), que encontrei numa mercearia. Muitos restaurantes de beira de estrada lembram algumas paradas do interior brasileiro, com comida caseira e redes para descansar depois do almoço.

Na casa onde nos hospedamos, especialmente as mulheres ficavam muito atentas à telenovela. Disseram que os homens gostam de novelas coreanas, que apresentam as mulheres orientais consideradas mais bonitas. Mulheres são tanto mais atraentes quanto mais brancas e de preferência com cabelos longos. Alguns homens, elas comentam, chegam a proibir a mulher de cortar o cabelo. A valorização da pele bem clara faz com que muitas frequentem a praia totalmente vestidas, algumas até com máscara para proteger o rosto (vimos isso numa praia marítima em Da Nang). Mesmo os homens, principalmente jovens, sempre que possível tratam de se cobrir ou colocar um boné ou chapéu para se proteger do sol.

Balsa em Hoi An

Barco-casa no delta do Mekong

Barco com palha de arroz

Barco encalhado no delta do Mekong

Barcos típicos em Hoi An

Foi impressionante um percurso de barco pelos canais do delta, o qual nos permitiu conhecer um pouco do cotidiano que envolve a intensa e atribulada vida de pescadores e barqueiros. O burburinho de barcos e mercadorias é frenético. Barcos de diversos portes, cores e formatos se revezam pelos braços do Mekong. Muitos carregam pesadas cargas de palha de arroz, utilizada para abastecimento de fogões domésticos, diante da dificuldade de se conseguir madeira numa área dominada por manguezais já intensamente explorados. As condições ambientais na região visivelmente se agravam, como revelam as cheias, cada vez mais ameaçadoras, especialmente junto à fronteira com o Camboja, onde os rios perdem a influência regularizadora das marés. Por outro lado, a diferença de maré comanda o ritmo da navegação no delta: mesmo num barco pequeno, diante de inúmeros barcos encalhados pela maré baixa, o nosso enfrentou muita dificuldade para passar.

No retorno das ilhas (onde visitamos vilas de pescadores e artesãos) foi possível também reconhecer os efeitos da poluição numa área de alta densidade demográfica: um grande saco plástico no leme obrigou nosso barco a parar e forçou o piloto a mergulhar para conferir o problema e retirar o plástico. A densa ocupação do delta também tem intensificado a erosão nas margens dos rios. Fico imaginando, no futuro, o drama dessa vasta e populosa região com as alterações previstas pelo aquecimento global e pela consequente elevação no nível das águas do mar.

Ainda no delta, no extremo sul do Vietnã, visitamos uma região povoada por descendentes de cambojanos que compõem uma das minorias étnicas mais problemáticas do país, os khmer krom, oficialmente 1.260.000 pessoas. Até hoje existe um movimento cambojano pela retomada do sul do Vietnã, que lhes pertenceu até o século XVIII. Trata-se de uma população culturalmente distinta, começando pelo fato de que a sociedade vietnamita foi influenciada pela cultura chinesa, enquanto a cambojana tem fortes laços com o hinduísmo. Ainda assim, ambas são predominantemente budistas, embora o budismo cambojano seja distinto. Na cidade de Soc Trang, mais de um quarto da população é khmer. Visitamos ali um belo templo do budismo cambojano, que admite um único Buda. Nos templos vietnamitas, encontramos diversos Budas, incluindo uma mulher, figura que em outras culturas seria ofensiva, mas que aqui é aceita, na medida em que Buda seria visto como um estado de espírito, acessível a todo ser humano. Buda mulher,

proveniente de uma tradição chinesa que valoriza a generosidade como prerrogativa predominantemente feminina, é considerada protetora dos pobres e das crianças doentes. Pelo que vimos, sua difusão é expressiva por aqui, pois até no para-brisa de uma van encontramos duas pequenas imagens de Buda, uma delas mulher.

Em Can Tho, uma das principais cidades do delta, fomos a uma livraria, onde comprei alguns mapas e um livro didático de Geografia. Os livros didáticos têm impressão precária, mas são muito baratos (cerca de um real). Percebi que a Geografia é muito descritiva e, curiosamente, naquele que comprei, Brasil e Estados Unidos são os únicos países das Américas a terem um tratamento individualizado. Na parte sobre o Brasil, aparecem apenas duas fotos, meio fora de foco, e ambas do Rio de Janeiro, "estereotípicas": uma de favela, outra de desfile de escola de samba.

Depois da livraria, fui procurar uma lan house, pois o único computador do hotel estava quebrado. Todas lotadas, com garotos jogando o tempo inteiro. Depois de esperar uns 15 minutos, um deles me ofereceu uma vaga. Tentei me informar sobre as regras de funcionamento, mas ninguém falava uma palavra de inglês. Acabei usando meia hora e, sem entender o porquê, não me cobraram nada.

Templo khmer em Soc Trang

SOBRE GUIAS, DA NANG, HOI AN E HUE

Ao contrário do Camboja, onde estávamos por conta própria, no Vietnã contamos com um guia para cada cidade-base. Alguns deles foram um capítulo à parte. Luana, no delta do Mekong, inventa histórias, mente ou simplesmente é muito mal-informada: quando lhe perguntamos sobre o custo de vida no país, revela um valor mais baixo do salário vietnamita e aumenta o preço dos produtos. Explica que a floresta onde se escondiam os vietcongues, visitada por nós no delta, foi toda replantada (localmente ouvimos que é uma das últimas matas nativas do país), que vietnamita não gosta nem de esportes nem de caminhar, que não existe futebol no país (mais adiante relato comentários de outro guia, fascinado por futebol). Luana revela uma curiosa obsessão por escolas, e a cada uma por que passamos repete como um mantra: "C'est la sortie de l'école" ("É a saída da escola"), mesmo que não haja nenhum estudante saindo. A frase virou um jargão com o qual acabamos nos divertindo. Luana é extremamente sensível e fala quase o tempo inteiro.

Já o guia Vinh, de Hoi An e Da Nang, no centro do país, tem o tique nervoso de balançar a cabeça pra um dos lados bruscamente, sem o menor motivo. Fala pouco e explica muito mal quando indagado. Brincando, comentei com minha amiga que, diante dele, quem diria, sentíamos saudade da falante Luana. Quando está caminhando conosco, Vinh corre, está sempre lá na frente, como se quisesse encerrar logo o serviço. Adora dormir — um dia, depois do almoço, na hora marcada, procurávamos por toda parte e não o encontrávamos, até descobrir que dormia dentro do carro. Sua grande paixão é o futebol, e lê o jornal esportivo todos os dias, o que parece o único assunto que o anima para uma conversa. Conta-me que há campeonato de dez países do sudeste da Ásia, que há três anos o Vietnã foi campeão, podendo ser considerado hoje o segundo melhor time da região, depois da Tailândia. Os melhores times do país são do norte. Vinh acompanha também o futebol mundial e conhece muito bem os jogadores brasileiros. Chama Neymar de Nilmar e está a par de todos os escândalos de Adriano.

Huai (que se pronuncia "Ruai"), nosso guia no norte, foi o mais complicado (comentarei mais ao falar sobre Hanói). Como Vinh, também estava sempre correndo na nossa frente, irritava-se com facilidade e um dia, visivelmente contrariado, chegou a confessar que, na verdade, nunca apreciou ser guia. Huai tornou-se um guia tenso, especialmente quando percebemos "arranjos" que ele forjava com outras pessoas ao longo do percurso. Resolvi fazer-lhe o mínimo de perguntas desde que, sem motivo algum, começou a se irritar com as questões mais simples. Atribuímos parte de suas reações ao cansaço da viagem, pois foi piorando com o tempo. No final, pensamos em recomendar que o melhor que ele poderia fazer seria, assim que possível, mudar de profissão.

Deixamos o sul do Vietnã para seguir, via aérea, em direção ao centro do país, a cidade de Da Nang, próxima à antiga fronteira entre o Vietnã do Sul e o do Norte. O país foi separado entre sul capitalista, apoiado pelos Estados Unidos, e norte comunista, apoiado pela União Soviética, desde o final da Guerra da Indochina, em 1955, até a Guerra do Vietnã, que durou dez anos, entre 1965 e 1975, quando se deu a reunificação. A antiga fronteira, que era o paralelo 17, hoje tem apenas sentido simbólico, restando a "fronteira natural", mais ao sul, representada pela cadeia dos montes Truong Son, que atravessamos de carro no trajeto entre Da Nang e Hue. As montanhas ali chegam até o mar e, com até 1.172 metros de altitude, oferecem uma barreira físico-climática que estabelece a verdadeira fronteira natural entre o norte e o sul do país.

Na verdade, é importante lembrar que a divisão norte-sul do Vietnã não é apenas uma marca de sua história recente. Durante a maior parte dos séculos XVII e XVIII, o país foi dividido em dois: o Norte, dominado pelos Trinh, e o Sul, pelos Nguyen, que, armados pelos portugueses, acabaram dominando os khmers ("cambojanos") que controlavam o delta do Mekong. Em 1783, os Nguyen se dividiram, um rei ao sul, outro ao centro, mostrando assim, também, uma peculiaridade da região central, polarizada hoje pela cidade de Da Nang. Reunificado, o Sul acabou dominando Hanói e estabelecendo a capital imperial em Hue, no centro-norte do país, em 1802. Hue substituiu Hanói, que havia sido a capital desde a independência do país, ocorrida no longínquo século X. É importante lembrar também que, durante a dominação colonial francesa, do final do século XIX até 1945, o Vietnã foi dividido em três colônias ou "protetorados": Tonkin, ao norte, Annam, ao centro, e Cochinchina, ao sul.

Pergunto a Vinh, nosso guia pouco falante, se ainda são marcantes as diferenças entre o Sul e o Norte, 37 anos depois da unificação. Ele afirma que os sulistas, "como na França", são mais abertos, mas também "mais empreendedores" (não à toa, pois tiveram maior histórico capitalista), enquanto os nortistas são mais fechados e "políticos" (pois também detêm a capital do país). Alguns militares do norte deslocados para o sul acabaram sofrendo rechaço velado por parte da população local. Da Nang e Hue, entretanto, no centro do país, ainda teriam características mais do Sul do que do Norte.

É interessante como várias nomenclaturas geográficas, ali, mudam ao sabor dos países, e há muitas disputas marítimas no mar que banha Da Nang. O "Mar da China Meridional" dos nossos atlas aqui se denomina "Mar do Leste" ou "Mar Oriental". As Ilhas Spratly, que os vietnamitas denominam

Quần đảo Trường Sa, são um caso à parte, reivindicadas por nada menos que sete países (além do Vietnã, a República Popular da China, Taiwan, Brunei, Malásia e Filipinas). Apesar de serem centenas de ilhotas, perfazem um total de apenas quatro quilômetros quadrados de terra, mas estão espalhadas por mais de quatrocentos mil quilômetros quadrados de oceano, representando assim a base para um vasto domínio territorial marítimo numa das mais ricas áreas de reservas petrolíferas conhecidas.

Parece claro para os vietnamitas o papel "imperialista" da China enquanto grande potência asiática, passando de grande parceiro a principal preocupação geopolítica, o que fez de países como Vietnã e Filipinas espécies de "satélites" geopolíticos e geoeconômicos. Nesse sentido, as mudanças no padrão tecnológico da economia chinesa têm deslocado empresas de mão de obra intensiva da China para o Vietnã em busca de força de trabalho barata. O Vietnã já enfrentou sérios problemas geopolíticos com a China também na fronteira norte. A última invasão chinesa, rechaçada, ocorreu em 1979, em represália ao ataque a seu aliado Khmer Vermelho no Camboja. Na ocasião, milhares de chineses foram obrigados a abandonar o país. Em função desses desentendimentos, paradoxalmente, o país tem se aproximado de seu antigo grande rival, os Estados Unidos, realizando há pouco as primeiras manobras navais conjuntas, justamente em Da Nang, primeira cidade a ser invadida pelos norte-americanos durante a guerra.

Do aeroporto de Da Nang fomos direto para a cidade histórica de Hoi An, curiosamente uma região que muito tempo atrás sofreu influência da colonização portuguesa. Os portugueses chegaram a Da Nang em 1516 e a Hoi An em 1535, onde, ao lado de chineses e japoneses, estabeleceram uma feitoria. Foi a porta de entrada do cristianismo no Vietnã, sendo o missionário mais famoso Alexandre de Rhodes, também inventor da escrita latina implantada no país. Hoje, um em cada vinte vietnamitas é católico, e surpreende a presença de templos católicos no interior do país.

Hoi An, Patrimônio da Humanidade pela Unesco desde 1999, foi um importante porto marítimo do reino Champa (hinduístas que ocuparam o centro-sul do atual Vietnã), entre os séculos II e X. Durante o século XIV, mergulhou no caos, retomando sua importância comercial no século XV. Tornou-se então por quatro séculos um dos maiores portos do sudeste da Ásia, abastecendo chineses, japoneses, holandeses, portugueses, espanhóis, franceses e outros povos que por ali passavam. Navegadores chineses e japoneses permaneciam em Hoi An por cerca de quatro meses durante a mudança de ventos das monções, e o local acabou se tornando a primeira colônia chinesa do Sul. Sobrevivem dessa época as "casas comuns das congregações" de diversas províncias chinesas, até hoje influentes. Andar por suas ruas, pontes e praças ainda representa uma verdadeira viagem no tempo, que inclui alguns barcos típicos com os quais se passeia ao longo do rio.

Saindo da bela e tradicional cidade histórica de Hoi An em direção à ocidentalizada Da Nang, a via litorânea está repleta de grandes empreendimentos imobiliários, projetados, em construção ou concluídos, imensos hotéis e modernos condomínios fechados. Meu guia *Lonely Planet* chega a se perguntar como os promotores imobiliários irão preencher todos os leitos desses "palácios luxuosos" que chegam a impedir aos banhistas o acesso direto à praia. Da Nang, com quase oitocentos mil habitantes, é a terceira cidade do país e o grande polo da região central, impressionando pela ebulição comercial e imobiliária, com novos arranha-céus brotando em várias direções. A partir da guerra, ficou famosa como local de prostituição, má reputação que, para alguns, ainda não superou. Em suas praias se realizou o primeiro campeonato de surfe do Vietnã, em 1992. Os americanos chamavam toda a extensão de praia entre Da Nang e Hoi An de China beach, e era esta sua grande área de lazer. A praia de Nam O, 15 quilômetros a nordeste de Da Nang, foi o primeiro ponto de desembarque das tropas americanas quando da invasão do Vietnã do Sul em 1965.

A viagem de carro por 150 quilômetros até Hue, a antiga capital imperial do Vietnã e uma de suas principais atrações turísticas, foi feita em três horas e meia, passando pelo Passo de Hai Van, ou "mar de nuvens", limite geográfico entre o Sul e o Norte do país. Casualmente, ao passarmos as montanhas, o tempo mudou do calor ensolarado de Da Nang para as temperaturas mais amenas e a nebulosidade trazidas por uma frente fria vinda do Norte.

Chegamos a Hue, cidade vítima de violentas batalhas tanto durante o período colonial, por parte dos franceses, quanto por ocasião da invasão norte-americana. Mesmo assim, conseguiu preservar sua rica herança imperial, com uma verdadeira réplica, mais recente (século XIX) e em escala bem menor, da Cidade Proibida de Pequim. Ali se reproduzem templos e outras construções de grande riqueza arquitetônica, no interior de uma muralha de dez quilômetros de extensão.

Ficamos alojados num bom hotel três estrelas, o quarto enorme e com ampla varanda. A área, para nossa frustração, é mais uma que se caracteriza como basicamente turística, concentrando hotéis e restaurantes para estrangeiros. Pra variar, também jantamos num restaurante para turistas, onde só se veem estrangeiros, algo típico do turismo "socialista" (para não dizer segregacionista) do Vietnã. Essa separação entre espaços turísticos e vida cotidiana não é, obviamente, uma especificidade "socialista", mas adquire aqui alguns contornos e objetivos próprios. No cardápio, presença inédita de carne de boi. É fácil verificar que a criação de gado não é disseminada no país, provavelmente também por ser priorizada a ocupação das planícies pela rizicultura.

Resolvemos caminhar até a beira do rio e descobrimos uma cidade movimentada, plena de anúncios luminosos de Coca-Cola, Huda (a cerveja local), Agribank, Hyundai... Um parque com esculturas modernas, prédios altos de hotéis, tudo dando um aspecto bastante ocidentalizado a essa parte da cidade. Casais jovens (este é de fato um país jovem) namoram à meia--luz e vendedores ambulantes oferecem comes e bebes aos transeuntes. Ao contrário do restante da viagem, em pleno inverno do hemisfério Norte, agora o friozinho começa a aparecer. Fica claro que o clima em Hue é bem mais frio que em outras cidades de mesma latitude no hemisfério Sul, em função da continentalidade asiática, que faz as frentes frias serem mais fortes e conseguirem ir mais longe em direção ao sul. Basta comparar: localizada a 16 graus de latitude norte, como uma cidade do sul da Bahia, Hue, quase ao nível do mar, tem temperatura mínima absoluta de 9,5°C no inverno, algo inadmissível na planície meridional baiana.

PELAS MINORIAS DO NORTE

A estação ferroviária de Dong Hoi é muito simples; nela tomamos o trem noturno para Hanói depois de um belo percurso por rios e grutas no Parque Nacional de Phong Nha-Ke Bang. Mas meia hora antes da chegada do trem vira um alvoroço, com muitas famílias com crianças pequenas brincando por todo canto. O banheiro, do lado de fora, está em péssimas condições, e cheguei a cruzar com uma enorme ratazana na entrada. Não tem pia nem vaso (apenas apoio para os pés, como é comum em vários países do Oriente), nem papel higiênico. No chão, há bastante água e o lugar cheira muito mal. Ainda assim uma velhinha nada simpática, vinda de uma casa a distância, nos recebe aos gritos e interrompe a entrada à espera de seus cinco mil dongs (cerca de cinquenta centavos de reais).

O trem chega rigorosamente no horário, e nosso guia nos ajuda a carregar as malas, pois a escada do vagão é muito alta. A primeira classe/leito é espartana, com lençol mínimo (deve ser para a altura média de um vietnamita), travesseiro velho e um pequeno cobertor, mas que esquenta bem (a noite vai ser fria). Dois beliches de cada lado. Felizmente ficamos na parte inferior, de onde podemos controlar melhor nossos pertences, colocados embaixo da cama. O Vietnã parece muito seguro, mas ainda assim nos advertiram que tivéssemos cuidado com o roubo de malas e mochilas (principalmente por motociclistas). De resto, o trem é rústico, antigo e com o costumeiro asseio dos banheiros que lembram minha viagem à Índia. Graças a duas gotas de um remédio, presenteado por um amigo antes da viagem, especialmente para ocasiões como esta, consegui dormir algumas horas. Do contrário, não teria dormido nada: ao teleque-teleque do comboio e ao movimento constante de minha amiga ao lado, com crise de coluna (sem falar no ronco), somou-se o vizinho do alto, que não parava de descer para ir ao banheiro.

Chegamos a Hanói antes da hora marcada, 6 da manhã, depois de dez horas de viagem. Chovia e fazia frio. Definitivamente, outro Vietnã. O novo guia, Huai, aguardava-nos com uma placa e fomos procurar o carro, uma camionete bem confortável. Como estávamos imaginando, logo ficamos sabendo que não conseguiríamos tomar uma ducha (e o outro dia fora muito pesado!). Sairíamos direto para as montanhas, rumo ao lago Ba Be, terra da minoria thai (que, diga-se de passagem, nada tem a ver com os tai da Tailândia). Encontrar um "café" aberto às 6h30 da manhã em Hanói não é fácil. Café da manhã aqui significa basicamente uma densa sopa de macarrão de arroz com legumes e carne de boi ou de frango (uma especialidade de Hanói, segundo o guia). Alguns biscoitos que haviam sobrado de meu amplo estoque parisiense (os últimos, infelizmente) e uma banana foram o meu desjejum. Na noite anterior, nem havíamos jantado; nos deram um lanche para levar no trem, mas faltou coragem para comer a batata e o ovo cozido que tinham ficado mais de 12 horas dentro do carro.

Depois de muito procurarmos, encontramos um pequeno restaurante na saída de Hanói, muito simples, pequeno, mas, como quase todo "café" por aqui, com wifi, para o deleite de minha amiga, que se encarregou de baixar a versão eletrônica do *Le Monde*. A viagem seguiu com bruma e garoa durante horas, até que paramos para almoçar noutro pequeno restaurante de beira de estrada, numa vila chamada Bang Lo. Comentei que enfim haviam acabado os restaurantes somente para turistas que predominaram no resto da viagem. Minha amiga estava adorando, pois queria sempre experimentar a culinária local. Já eu, com gastrite e hemorroidas, confesso que nem tanto. O cheiro e a rusticidade (para não falar da higiene) da cozinha, que fica sempre logo na entrada, assustam um pouco. Mas alguns pratos podem nos surpreender. Comemos carne de porco, pra variar frita, com tofu cozido em molho de tomate, uma espécie de pequenos bolinhos primavera de carne, muito oleosos, vegetais cozidos e arroz, muito arroz.

Os fregueses das mesas vizinhas nos olhavam com certo espanto, enquanto articulavam rapidamente suas *baguettes* (pauzinhos) ou sorviam as sopas com gosto (e forte ruído) diretamente das tigelas. No fundo, uma televisão exibia o primeiro noticiário do dia, em som alto, lembrando a emissão radiofônica matinal de duas horas que nos acordou às 5 da manhã no hotel de Hoi An, a qual, descobrimos depois, é uma espécie de "hora do Vietnã" pública, que se repete às 18 horas, através de alto-falantes, em várias aldeias e cidades do país.

Alcançamos Ba Be depois de horas de estrada esburacada entre montanhas calcárias. Algumas encostas exibem profundas cicatrizes de explorações minerais – segundo o guia, a região é rica em ferro, zinco e alumínio. Também vimos pela estrada uma grande usina no meio do caminho, bem como algumas minorias étnicas, como os dzao e os thai, mas pelo menos pra nós é muito difícil distingui-las dos vietnamitas. Nosso guia explica que o elemento que as diferencia é o "dialeto", e, no caso dos thai, a utilização da escrita em ideogramas semelhantes aos chineses. Questiono, dizendo que são idiomas diferentes, não dialetos. Ele pede explicação sobre a distinção, aceita e agradece a correção. Pelo que pude perceber, em língua vietnamita se usa o termo dialeto para as línguas minoritárias do país, o que pode representar uma forma de depreciação.

Alojamo-nos no *chez l'habitant* (em casa de morador), como diz o circuito "viagem insólita" proposto pela agência. Similar ao que ocorre no delta do Mekong, são casas relativamente adaptadas para receber visitantes, com cômodos extras, contíguos ou não à casa principal, e melhores instalações sanitárias. Neste caso, ergueram a réplica de uma grande moradia local (estilo que predomina em toda a aldeia), construída sobre pilotis e com uma varanda em todo o entorno superior. Improvisaram divisões rudimentares (com portas protegidas por cortinas) para garantir certa privacidade. Como em outras vezes nesta viagem, pensavam que éramos um casal e providenciaram uma só cama. Após pedirmos, mudaram e nos colocaram em quarto com dois leitos, mas a parede, de madeira, exibia amplos espaços entre as tábuas por onde passava um pouco o vento frio do inverno setentrional . Tentamos improvisar uma proteção, mas não deu certo. Há luz e água quente somente das 6 da tarde às 6 horas da manhã. Ainda bem que o cobertor esquentava, e a vontade era de ficar embaixo dele o tempo todo.

Na manhã seguinte, o passeio pelo lago Ba Be (das Três Baías, por serem três lagos geminados) aconteceu com um vento congelante da cabeça aos pés. Mas valeu a pena. A região no entorno do vilarejo é emoldurada por

montanhas calcárias que, nesta viagem, se tornou a paisagem símbolo do norte do Vietnã ("radicalizada", depois, ao final da viagem, na baía de Ha Long). Foram cinco horas de ida e volta até a gruta Puong, uma imensa caverna de quarenta metros de altura e quatrocentos de comprimento, em curva, cortada internamente por um rio. Descemos do barco na entrada e subimos até a saída, do outro lado, onde há uma magnífica vista do vale no curso superior do rio Vang.

A família que nos recebeu é muito simples e acolhedora: os pais, um filho com a esposa e o primeiro filho do casal, recebedor de todas as regalias, lembrando os filhos dos chineses que, frente à política do filho único [estendida para dois em 2015], são tidos como "pequenos imperadores". Diverti-me muito com ele. Durante o jantar, o pequeno aparelho de televisão fica ligado em um seriado chinês muito apreciado, o qual, curiosamente, é todo dublado pela mesma pessoa, uma mulher. Os diferentes pratos, sempre gordurosos, são feitos sucessivamente no mesmo recipiente, um tacho com banha de

porco, num fogo de chão. A comida é servida também no chão, onde nos sentamos. Faz-se um brinde inicial com aguardente de arroz. Numa noite acabei tomando três pequenos copos, pois brindamos juntos várias vezes. Não foi fácil, depois, subir as escadas para chegar até o quarto.

A aldeia é pequena e apresenta grande atividade agrícola, além da criação de galinhas e porcos, alguns circulando livremente pela estrada. A minoria thai é uma das mais importantes das 54 reconhecidas pelo governo vietnamita, compreendendo um milhão e meio de pessoas. Diante da questão de minorias étnicas como os thai, acabo me lembrando de uma das mais problemáticas do Sudeste Asiático, a dos hmong, que, embora mais numerosa no Laos, também compreende um milhão de pessoas no Vietnã. Ao perguntar ao guia se a imprensa divulgava o problema dos hmong no Laos, ele respondeu, incisivo, que alguns turistas vêm não somente para visitar, mas também para incutir ideias e influenciar o pensamento político das minorias. E em seguida acrescentou que os EUA interferem muito nos assuntos internos do Vietnã e que se esquecem de resolver seus próprios problemas com minorias. Observo que o discurso oficial lhe é bastante convincente e encerro o assunto.

A viagem continuou até o extremo nordeste vietnamita, junto à fronteira com a China, onde se refugiou Ho Chi Minh. O trecho até Cao Bang foi sob chuva e neblina. A estrada, numa combinação de muita lama, curvas perigosas e muitos caminhões, vários atolados, assustava, principalmente na hora das arriscadas ultrapassagens. O recurso era trafegar devagar e buzinar o tempo todo antes de cada curva. Entre Cao Bang e Lang Son, na volta em direção à baía de Ha Long, a estrada em obras agravou o perigo, e ultrapassagens na contramão se tornaram comuns.

Surpreende o sinal de celular nessas regiões mais remotas, assim como surpreende ver os habitantes, pertencentes a minorias étnicas, pobres, mas com celulares no ouvido. Segundo informação de nosso guia, a população tem acesso a celulares de marcas falsificadas vindos clandestinamente da China, de onde às vezes chega também o sinal. Esses aparelhos podem custar até sete vezes menos que um de marca original.

No vilarejo nung de Bhuc Sen, um pouco como numa viagem no tempo, conhecemos uma comunidade inteira dedicada à forja artesanal do ferro. Num ruído ímpar, o tilintar dos metais ecoa por todo o vale. Cada casa tem à frente um pequeno forno e uma base de concreto sobre a qual ocorre o martelar do metal, dando forma a utensílios para a lavoura (foices, machados) e para a cozinha (facas de vários tipos). Todos os membros da família estão engajados na produção. Os produtos são vendidos na região e também exportados para o extremo sul da China.

Ao nos aproximarmos de uma das casas, uma senhora muito simpática, em vestimenta típica, deixa o trabalho com a família e vai até a porta, convidando-nos para entrar. Recusamos, mostrando os tênis cheios de barro, mas ela caminha para dentro e volta com duas sandálias de plástico. Não temos como recusar tamanha gentileza. Sentamo-nos num banco bem baixo que, muitas vezes, é exclusivo para as visitas, pois a própria família costuma sentar-se no chão, motivo pelo qual os calçados são sempre deixados junto à entrada. A casa, simples e muito parecida com as thai da aldeia onde ficamos, tem uma peça ampla e começa pela cozinha: um fogo de chão que surpreende diante da madeira do assoalho e das paredes. Trata-se de um pequeno recorte com cimento sobre o qual se acende a fogueira e, ao lado, uma pequena estrutura de cimento e metal para sustentar uma única panela. Como na outra casa, utiliza-se sempre o mesmo recipiente e a mesma banha de porco para cozinhar. Pendurado no teto, milho maduro (para os animais), linguiça e toucinho defumados. A carne de porco vem com uma espessa camada de gordura. Não dá pra entender como geralmente são tão magros.

A senhora reacende o fogo. O cheiro de fumaça e gordura impregna o salão. Do lado da fogueira, como é comum, um gatinho magro se esquenta e se espreguiça. Ela busca algo para nos oferecer e traz um pão escuro, duas fatias já cortadas, que parece ser todo o pão de que dispõe. Agradecemos, argumentando que havíamos acabado de tomar o café da manhã. A bebida, entretanto, não teríamos como recusar. Os vietnamitas bebem muito aguardente, principalmente de arroz, mas a que nos foi servida era de milho, aparentemente menos forte. Tive de beber todo o copo, pois minha amiga, que sempre bebe mais do que eu, alegou problemas intestinais (beneficiada também pelo fato de as mulheres no local não terem a mesma "obrigação" de brindar). Mais adiante, no canto esquerdo, ficam as camas, objeto recente, pois a tradição era dormir sobre esteiras no chão. O casal tem três filhos, todos trabalhando como ferreiros. Como no vilarejo thai de onde saímos, entre os nung também se constrói a casa sobre pilotis, e há uma varanda ao fundo que dá para a plantação — grandes hortas com vários tipos de legumes, predominando o plantio de repolho e batata-inglesa. Na saída, passando novamente pela ferraria, pelo menos o motorista acabou comprando um grande facão por um preço que, segundo ele, foi uma pechincha.

Grandes plantações de tabaco, mais adiante, evidenciam o quanto ainda se fuma no Oriente, especialmente na China, onde mais da metade dos homens adultos são fumantes. Aqui ainda se fuma em muitos ambientes fechados, como restaurantes. Por falar neles, a parada para almoço em Thot Ke, a setenta quilômetros de nosso destino, Lang Son, foi num pé-sujo cercado de cachorros e com a cozinha na porta. As tigelas (não se usam pratos) são enxaguadas na própria mesa, com a mesma água quente que vai passando de uma para a outra. As *baguettes* (pauzinhos), de madeira mais resistentes que as que conhecíamos, também são lavadas e reutilizadas.

O guia, muito provavelmente baseado em reações anteriores de turistas decepcionados após enfrentarem o trajeto entre Cao Bang e Hang Pac Bo, a Gruta da Roda d'Água, onde Ho Chi Minh se refugiou, propôs retirar o trecho do nosso roteiro. São 58 quilômetros de estrada em más condições que resultam em três horas de viagem ida e volta. Mesmo sem o apoio de minha colega, em um dos poucos desentendimentos que tivemos nesta viagem, fui contra a proposta, reagi e ele voltou atrás. Não me arrependi. Só a beleza da paisagem cárstica (relevo calcário) da província de Cao Bang já vale a viagem — sem falar que se trata de um Vietnã agrícola "profundo" e muito pobre. Ali ainda encontro com facilidade, por exemplo, aqueles tratorzinhos sem capota puxando reboques lotados (de produtos ou de gente), muito comuns no interior da China, que visitei quase duas décadas atrás.

Ho Chi Minh, reverenciado de sul a norte no Vietnã, mais uma vez se torna praticamente um santo na região de Cao Bang, quase fronteira com a China. Ho, "aquele que ilumina", viveu entre 1890 e 1969 e é considerado o grande líder revolucionário e da independência do Vietnã. Após viajar e refugiar-se em vários países, foi preso e retornou ao Vietnã em 1941. Perseguido pelos soldados franceses, permaneceu um tempo escondido numa gruta nas montanhas do extremo norte do país, local que hoje atrai uma verdadeira peregrinação, apesar de ele só ter ficado ali algumas semanas, em janeiro de 1941, depois de trinta anos no exílio. Hang Pac Bo é um pequeno parque idílico impregnado de simbolismo comunista: a montanha com a gruta-refúgio traz estampada em grandes letras, no alto, o nome dado por Ho Chi Minh ao local: montanha Karl Marx. O límpido riacho aos pés do morro também foi batizado por ele: rio Lenin. Apesar do pouco tempo em que permaneceu na gruta, escrevendo poemas e traduzindo clássicos do marxismo, a importância do lugar se deve ao papel estratégico para, a partir dali, lançar a revolução (seguro, a apenas 3 quilômetros da China, onde poderia se refugiar se necessário). Quatro anos depois, em 1945, com a independência da França, ele assumiria o poder.

Já havíamos percebido essa adoração pelo líder em templos do Sul, e aqui voltamos a encontrar um templo dedicado exclusivamente a ele. O guia explica que faz parte do culto aos antepassados, muito difundido por todo o país. Nas livrarias é comum estarem à venda fotos do grande líder, e muitos templos budistas ostentam sua foto ao lado da imagem de Buda. O culto à personalidade continua com o forte nacionalismo vietnamita, embalado pelo elevado crescimento econômico dos últimos anos.

O estrito controle político, principalmente em relação à circulação da informação, revela-se em táticas como a do bloqueio do Facebook no país. Os jovens, entretanto, encontram sempre uma forma de burlar a repressão e, em conversa com eles, até minha amiga francesa conseguiu acessar clandestinamente a rede social. Em meio a outras formas de controle exercido pelo Estado encontramos uma política de natalidade que impõe o limite de até dois filhos por casal, mas somente para funcionários públicos. Mudar de residência não é tão fácil, embora não apresente restrições impeditivas como na China (com seu "cartão de residência"). Jovens que vão para cidades maiores, mesmo para estudar, necessitam de autorização para a mudança.

BAÍA DE HA LONG

Uma das experiências mais esperadas da viagem em termos de paisagem, e que não é difícil imaginar, foi um cruzeiro de 24 horas pela baía de Ha Long, no pequeno navio Margherita, com capacidade para 24 pessoas (12 cabines em dois andares, mais o andar de cima, com bancos para tomar sol e esplêndida visão do mar e das ilhas). Saíamos um pouco do estilo mais alternativo de outros trechos do percurso, como aqueles em que nos hospedamos em casa de famílias locais, mas era o "preço a pagar" para uma visitação considerada obrigatória. Talvez possamos dizer que a baía de Ha Long é para o Vietnã o que o Cristo Redentor representa para o Rio de Janeiro. Embora pouco habitada e excessivamente turística (às vezes a impressão é a de que todos os chineses vieram passear por ali), reserva encantos que, num percurso mais prolongado, revelam segredos de sua beleza e serenidade.

O tour incluía quatro ótimas refeições: almoço logo na chegada, jantar, café da manhã e almoço do dia seguinte. Nossos companheiros eram de diversos países: Alemanha, França, Islândia, Malásia e Austrália. Depois da geografia mais contida das minorias étnicas das montanhas do norte, ingressávamos outra vez num espaço intensamente globalizado, cada um dos turistas com um belo roteiro asiático pra contar. O navio segue seu curso, tranquilo, enquanto servem nosso almoço. Ao final já avistamos as primeiras ilhas calcárias — relevo cárstico — de diversas formas, algumas muito estranhas. Passamos por um pagode no alto de um rochedo que também tem uma praia de areias claras onde param alguns barcos.

Seguimos até uma espécie da ampla baía no alto da qual se encontra uma enorme gruta. Tomamos um pequeno barco e fomos visitá-la. A fila de turistas atrapalha um pouco o prazer do trajeto. Subimos dezenas de degraus (a minha amiga se cansa) até a entrada da gruta, com vista magnífica para

o mar e o aglomerado de grandes barcos de turismo e pequenos botes de vendedores de todo tipo de produto "turístico", quase um mercado flutuante. A gruta, toda iluminada, é imensa e tem formações curiosas, como a pedra da tartaruga (em cuja cabeça se deve passar a mão para dar boa sorte), a do dragão e a do elefante. Descemos depois mais uma escadaria gigante até outro cais para voltar ao barco. Ali encontramos muitos macacos.

De volta ao nosso barco, o sol brilhava forte, dando renovado colorido ao mar e aos rochedos. Logo foi proposta uma atividade para mim inusitada: andar de caiaque nas águas da baía. Depois de eu titubear, minha amiga, já muito habituada, acabou me convencendo. Sem nunca ter "caiacado", minha amiga acabou assumindo o posto "masculino", que, segundo nosso guia, é quem deve dirigir o caiaque, posicionado mais atrás. Na frente, entretanto, a visão era espetacular. Aos poucos fui aprendendo a usar o remo, à esquerda ou à direita e, depois de uma batida e outra contra os caiaques vizinhos, saímos em direção ao "alto-mar" — uns dois quilômetros beirando rochedos e cruzando próximos a barcos a motor. Logo já estava manobrando o remo com destreza e acelerando mais do que minha amiga. A parte mais interessante foi o grupo todo (seis caiaques) atravessando uma gruta e entrando em um lago, círculo fechado contornado por outras grutas, local paradisíaco onde várias vezes paramos todos de remar apenas para ouvir o som de algumas aves e da floresta. Voltei ao barco com a sensação de ter vivido um momento único. Para coroar o dia, um pôr do sol de tirar o fôlego visto do alto do barco.

Ao longe, pelo sul, a bruma aos poucos avançava do alto-mar por uma das aberturas entre as paredes rochosas das ilhas. Do outro lado, os últimos raios do sol pintavam de cores múltiplas o horizonte, coalhado pelas formas sempre surpreendentes dos rochedos. O sono, com o balanço sutil e cadenciado das ondas, não poderia ter sido mais tranquilo. No outro dia, bem cedo, a neblina lentamente se dissipando continuaria o espetáculo. Após um café da manhã à ocidental, como pouco tínhamos visto até aquela terceira semana de Vietnã, os formatos insólitos de cada nova ilha iam se desdobrando até a inesperada presença de uma vila flutuante de pescadores, ao lado de uma encosta rochosa. Descemos, e a visita se deu através de inseguras passarelas de madeira sobre as águas, em meio a tanques improvisados para a pesca e a reprodução de peixes. Ha Long adquiria ali um pouco de vida local, até então denunciada apenas pela presença dos pequenos barcos de vendedores de frutas e lembranças. Demasiado turistificada, ou mais oculta, ainda impregnada de vida local, a paisagem ímpar da baía de Ha Long, junto com a sorte que tivemos em função das alternâncias de tempo, ainda nos permite usufruir uma das composições naturais mais extraordinárias da Terra.

HANÓI

A chegada a Hanói foi um pouco complicada, com o estressado guia afirmando que, mesmo estando lá antes do horário planejado, não teríamos tempo de fazer as visitas previstas. Ao chegarmos à capital vietnamita, a primeira atividade se revelou um verdadeiro "programa de índio" (com o perdão dos indígenas, dado o preconceito embutido na expressão): um passeio de mais de meia hora de *cyclo-pousse* (triciclo-táxi), o ciclista que pedala empurrando o carrinho com dois passageiros. Minha amiga, mais gordinha, seguiu em outro táxi, e ficou quase todo o tempo bem na minha frente, ocultando um pouco a paisagem — ou melhor, evitando um estresse ainda maior tendo diante de mim, sem barreira ou proteção alguma, o trânsito tenebroso de Hanói. Senti-me como um turista abobalhado sendo levado por um serviçal sofredor em um ambiente nada convidativo, cercado de motos, carros, bicicletas — e muita poluição — por todos os lados.

Para completar, nosso guia, sempre nervoso desde quando saímos de Ha Long, afirmou que deveríamos dar de trinta a cinquenta mil dongs aos "motoristas" do nosso tour, quantia que, descobrimos depois, vinha a ser o dobro do que cobravam para fazer o passeio. Meu "motorista" era ríspido, e a cada situação que considerava digna de uma foto apertava firme e sacudia meu ombro gritando: "FOTO! Prédio ou monumento tal...". Eu estava mais interessado em observar atentamente a loucura do trânsito — e imaginar logo o final da jornada. Motos passavam raspando o triciclo e precisamos parar diante de alguns automóveis. Sinais existem, mas são solenemente desrespeitados. Num terreno em que o mais veloz sempre ganha, nosso triciclo ficava em último lugar. Valeu como experiência, mas plenamente dispensável.

Depois da rápida visita a um templo antigo, fomos a uma ilha no meio do lago localizado no coração da cidade, famoso por uma tartaruga mítica que ali viveria, símbolo de longevidade. Terminadas as visitas pré-programadas, saímos à procura de um hotel onde nos hospedar na noite extra que teríamos em Hanói antes da volta. Mais um motivo para nos estressarmos com Huai, que afirmou conhecer o hotel escolhido através do nosso livro-guia. Como seguia numa direção diferente, voltei a mostrar-lhe o mapa. Ele se irritou e disse que havia outro da mesma família. Percebendo que eu estava desconfiado, retornou ao local indicado por mim. Como já havia lido a respeito, há muitos "guias" e taxistas, especialmente em Hanói, que têm acordo com hotéis e, mesmo que peçamos um, acabam nos levando a outro. Depois de realizarmos nossa reserva e pagarmos antecipadamente a diária, ele fez questão, de forma absurda, de reafirmar que "na verdade" era aquele o hotel que havia indicado. Simplesmente respondi, ironizando, que "com certeza era aquele".

Ainda seguiríamos depois para um apressado e cansativo percurso pela velha Hanói. Huai corria na nossa frente sem falar quase nada. E nós com medo — ou seria vontade? — de perdê-lo de vista em meio a toda aquela multidão. Somente na manhã seguinte, num longo trajeto com minha amiga, seguindo o roteiro indicado pelo *Lonely Planet*, curtimos pra valer a diversidade nas ruelas da antiga Hanói e seus comércios especializados, que às vezes lembram até uma medina norte-africana. Jantamos num restaurante tipicamente turístico, isolado, na periferia da cidade, mais um desses frustrantes programas de uma típica viagem organizada (que nós dois, sempre que possível, evitamos). No cardápio fixo, apesar de diversos pratos, nada de especial: a sopa tradicional de Hanói (*pho*), frango ou carne, legumes e massa com abacaxi de sobremesa. Pra completar, a sempre presente "música de fundo" (às vezes muito alta), velhos hits ocidentais cafonas que eles parecem adorar. Minha amiga comenta que é uma das poucas coisas que, desta viagem, não fará questão de lembrar. Jantamos rápido, pois o cansaço é enorme, e rumamos finalmente para o check-in no hotel no estilo das grandes hospedagens "socialistas", com aposentos amplos, espartanos, localizado longe do centro e que parecia destinado apenas a turistas franceses. Faz frio, o aquecimento não funciona direito, mas, vencido pelo cansaço, acabo dormindo.

No dia seguinte, fomos visitar o suntuoso mausoléu de Ho Chi Minh, o grande tio, como é conhecido pelos vietnamitas. Diante daquela arquitetura imponente e do enorme espaço para os desfiles militares, junto à praça em frente, não tive como não me recordar da esplanada gigante que Hitler construiu junto a Nuremberg, a qual conheci em 1989. Na ocasião estava praticamente abandonada, os alemães sem saber o que fazer com todo aquele espaço monumental representativo de um período tão obscuro da história alemã. É claro que, apesar de ambos terem instalado ditaduras, não se pode comparar Ho Chi Minh a Hitler. Basta passar pelos tranquilos e sóbrios jardins nos fundos do mausoléu onde estão os alojamentos simples

Mausoléu de Ho Chi Min

do revolucionário. Ou então lembrar que ele se recusou a ser mumificado e exposto. O regime, entretanto, encarregou-se de endeusar Ho Chi Minh, num culto à personalidade que evoca seu nome e os lugares por onde ele passou nos quatro cantos do país. Essa reverência culminou com a imposição de seu nome à cidade que hoje é a mais dinâmica do Vietnã, a antiga Saigon. Conforme já vimos, locais em que Ho Chi Minh passou algumas semanas refugiado, como o que visitamos nas montanhas do Norte junto à fronteira com a China, são venerados por muitos vietnamitas e transformados num verdadeiro lugar de peregrinação.

A intensidade da reverência a Ho Chi Minh é bem representada junto ao mausoléu pela fila quilométrica, cuja imensa maioria é de vietnamitas, grande parte estudantes. Como decidimos não enfrentar as horas de fila, tivemos de nos contentar com a visão externa, limitada à circulação pela praça, a algumas dezenas de metros da entrada do complexo funerário. Junto à casa habitada por ele durante o período em que governou o país, vê-se, pelas janelas, a simplicidade dos aposentos. Ao lado, contudo, encontram-se numa vitrine os carros que recebeu como presente de dirigentes amigos, inclusive da ex-União Soviética. As filas ali são menores, mas continuam, formadas especialmente por estudantes crianças, desde cedo incorporando ideias tidas ainda como socialistas e revolucionárias. Frente à entrada avassaladora de empresas transnacionais, inclusive do setor imobiliário, e do turismo, aumentando rapidamente as desigualdades sociais, é impossível pensar hoje em "revolução" a não ser que, numa imensa contradição, consideremos "revolucionário" esse processo desencadeado pelo capitalismo globalizado. Ho Chi Minh, da mesma forma que Mao, na China, deve estar se revolvendo em seu túmulo.

MADAGASCAR

IMAGENS DE TANA

O céu estrelado e a brisa de Antananarivo, a capital, que todos conhecem como Tana. O latido constante dos cachorros espalhados por todo canto, inclusive na casa em que nos hospedamos (situação difícil para minha amiga francesa e a cinofobia que a acompanha desde a infância). As ruas escuras. O tráfego na hora do rush, confuso e lento, tomado pelos *táxis-brousse*, as vans que são o único transporte público e interurbano nesta capital de dois milhões de habitantes. O burburinho dos mercados informais — a cidade parece um imenso mercado a céu aberto. Os carros antigos, como os 2 chevaux aposentados na França, mas muito comuns por aqui. Carros velhos e vans enguiçados empurrados pelas ruas. O cheiro de lixo e esgoto — saneamento básico é raridade. A linha do velho trem que corta indiscriminadamente a cidade. As *rizières* (arrozais irrigados) e hortas em meio à área urbana. O lago central Anosy em forma de coração, seus belos flamboyants (árvore nativa de Madagascar) e o inusitado monumento aos mortos malgaxes durante a II Guerra Mundial. A bela estação de trem Soarano do arquiteto francês Fouchard, de 1910, e que está virando shopping, no início da ampla avenida da Independência.

Rova

O palácio real (Rova) em restauração no topo do morro mais alto que domina a cidade e suas vistas panorâmicas de Tana. O divertido guia da visita ao palácio, o qual nos conta a história de reis e rainhas de múltiplos e "seriados" casamentos. As crianças pobres que pedem e os vendedores ambulantes que irritam pelas ruas. O barganhar também irritante e compulsório que nunca aprendo. As cenas deprimentes dos trabalhadores muito pobres e incapacitados na ferragem de material reciclável na periferia de Tana, onde mães trabalham com suas crianças pequenas em meio a um barulho ensurdecedor. O trabalho infantil (de 5 a 17 anos) que envolve quase um terço das crianças malgaxes. O cheiro de fumaça por todo lado, nas cidades e na zona rural, pois a lenha ainda é a fonte básica de energia — um dos motivos da intensa devastação florestal e da frequente erosão que provoca imensas e típicas voçorocas, denominadas *lavaka*. No interior, muitas casas sem chaminé, todo o ambiente impregnado de fumaça.

No final da viagem, Rado, o guia amigo da agência malgaxe, nosso acompanhante ao longo de todo um roteiro alternativo (que incluiu estada em duas aldeias rurais), nos convidou a visitar sua pequena residência e a família.

Pergunto sobre o que podemos levar para sua esposa, algo que ela aprecie, e ele responde sem titubear: "Água mineral." Vive com a mulher, que é professora primária, e uma filha de 6 meses num pequeno sobrado de duas peças. A cozinha, muito simples, fica no térreo, com uma mesa rústica ao lado do "fogão", que corresponde a dois recipientes para carvão com duas bocas para cozinhar. O acesso é precário, o carro (da empresa de turismo) tem de estacionar longe, num terreno malconservado onde jovens jogam bocha, um esporte muito difundido no país, assim como o futebol e o rúgbi. Dali é preciso percorrer uns 400 metros passando por um depósito improvisado em madeira para venda de carvão e uma precária passarela também de madeira sobre um banhado onde se plantam legumes, funcionando como uma espécie de horta comunitária. Aliás, a vivência comunitária também é percebida na articulação das casas e no uso dos serviços comuns.

Praticamente geminadas e separadas por corredores estreitos e pequenos pátios, as casas agrupam membros de uma mesma família. Os pais de Rado moram no sobrado ao lado. O poço que fornece água (que deve ser fervida e filtrada), o banheiro e a latrina (em casinhas separadas), sem água corrente, são utilizados por cerca de vinte pessoas. Uma vida muito dura. Mas Rado, pelo menos, é proprietário dos seus cerca de trinta metros quadrados. No quarto, no segundo andar, uma grande cama de um lado, à qual fica colado um pequeno televisor, alterna-se com uma quantidade enorme de pequenos objetos, alguns livros, quadro com todos os reis de Madagascar, uma pequena cruz e um grande filtro de água. A menininha, que passou as últimas semanas muito doente enquanto ele viajava, agora melhorou. Ela estranha a chegada dos *vazaha* (estrangeiros brancos) e chora. Perguntam-nos se desejamos algo, minha amiga pede um chá, mas respondem que não têm. Dizemos que fica para outra oportunidade, e Rado afirma que "da próxima vez" quer nos convidar para um jantar. Foi uma visita agradável e aprendemos um pouco mais do árduo e solidário cotidiano malgaxe, onde mesmo em Tana, a capital, uma classe média tem muita dificuldade para se estruturar. Num local onde um professor de escola pública ganha trezentos mil ariares — cerca de trezentos reais – fica difícil imaginar ascensão social. Na saída oferecemos bala às crianças. Como de costume em toda a viagem, ao dar para dois ou três, mais uns dez aparecem, de repente, praticamente do nada.

Tana é minha primeira experiência com a chamada África subsaariana (já tinha percorrido antes o Marrocos e o Egito) e, mesmo convivendo com a imensa pobreza das favelas brasileiras, percebo que, por aqui, terei de reavaliar meus conceitos de precariedade social e estratégias de sobrevivência.

DESCONCERTOS DE ANTOETRA

Depois da emocionante estada na casa de moradores de Ambohidranandriana (que em malgaxe se pronuncia Amboidjanandjin), recebidos calorosamente pela comunidade, Antoetra foi um tanto desconcertante. Os bangalôs do Sous le Soleil de Mada são corretos, com água quente (a gás) e luz elétrica (a motor, mas que só funciona à noite), os donos — um casal de aposentados franceses — são simpáticos, a comida é farta e tudo isso poderia se tornar um *plus* depois do banho de balde e da noite à luz de velas de Ambohidranandriana. Mas mesmo num bangalô individual, cortesia do dono do hotel,

a noite não foi fácil. Primeiro, minha amiga acordou a todos com uma tosse forte e vômito, o que a obrigou a sair de seu quarto. Assim que voltei pro meu canto, à meia-noite, começaram uma diarreia e um "embrulho" no intestino que praticamente acabaram com meu sono. Além disso, escutei tiros pela madrugada. Os donos do hotel me disseram que roubos são muito comuns, especialmente de gado. Diante de nossas condições, no dia seguinte tivemos de cancelar a caminhada de cinco horas entre as comunidades de Antoetra (que se pronuncia Antuetch) e Efasina. Acabamos indo de carro do hotel, que fica entre colinas e campos de arroz, até a comunidade de Antoetra, em área mais montanhosa. Apesar de o enjoo continuar, os comprimidos providenciais que minha amiga carregava, sempre preocupada com a saúde (até demais, pelos tratamentos que contou ter feito antes da partida), garantiram não precisar correr ao banheiro por todo o período da visita.

Antoetra é uma típica aldeia betsileo, famosa pelas casas de madeira com portas e janelas finamente esculpidas. Era domingo, a missa estava começando, mas um grupo de mais de vinte pessoas, quase todos homens, aguardava numa espécie de pátio ou praça na entrada da aldeia. Aparentemente muito simpáticos — e ainda sem exibir os produtos que queriam nos vender —, alguns, num ótimo francês (algo raro na zona rural de Madagascar), iniciavam conversa antes mesmo que nosso guia indicasse nossa saída do carro. Quando me identifiquei como brasileiro, começaram a entoar a lista indefectível de nomes de jogadores de futebol: Ronaldo, Ronaldinho, Kaká... Rado apresentou-nos a um guia local e seguimos para conhecer o vilarejo de cerca de 1.200 habitantes.

Como havia chovido na noite anterior, as ruas, estreitas e sem calçamento, estavam escorregadias, repletas de lama. Antigas casas de madeira se alternam com outras mais novas, de argila ou tijolos, que, o guia lamenta, estão diminuindo em muito a arquitetura tradicional. Crianças e vendedores nos seguem, iniciando seu longo périplo de súplicas para que compremos alguma coisa. Ao fotografarmos os pequenos, eles logo pedem *bobô* (bombom) ou *gadu* (*cadeau*, presente), que não temos mais desde a estada em Ambohidranandriana. No meio do povoado, a única fonte de água foi doada pela União Europeia e já teve de ser reparada algumas vezes. Carpinteiros serram toras de eucalipto que, diante do desflorestamento, se tornaram muito comuns no interior da ilha, como o grande e polêmico substituto "global" das diversificadas matas nativas. Antigamente as construções eram feitas com *palissandre* (jacarandá).

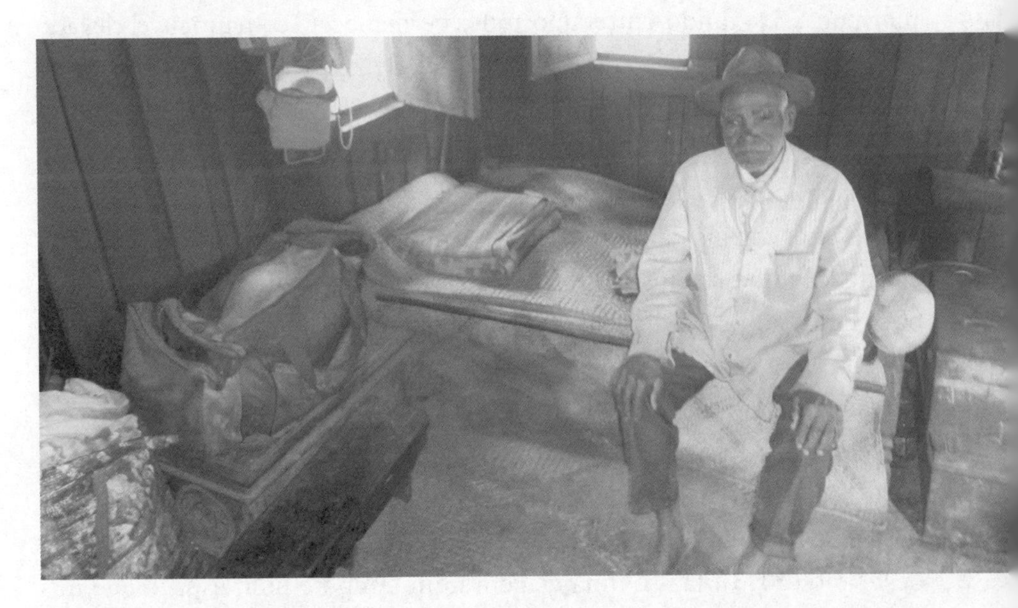

Passagem obrigatória para os visitantes é a casa do chefe local, o ancião mais idoso (que o guia local faz questão de dizer ser eleito), para quem se deve fazer uma doação (doamos dez mil ariais). Explicam-nos a organização da casa, orientada segundo as crenças tradicionais e específica para os chefes da comunidade. Com uma única peça no térreo e uma espécie de quarto-sótão, habitam ali 16 pessoas, entre filhos e netos do chefe. O odor de fumaça da lenha para o pequeno "fogão" (três tijolos no meio da casa) se mistura com o forte cheiro de suor do nosso guia. Rado nos havia dito que o banho entre a população rural não é frequente, às vezes ocorrendo somente uma vez ao mês. Alguns consideram que, por trabalharem no meio da água (nas lavouras irrigadas de arroz), não necessitam tomar banho.

A pobreza por vezes é aviltante. Três garotos entre 6 e 9 anos carregam nas costas os três irmãozinhos. Natalidade e analfabetismo são muito altos. A igreja, na missa de domingo, está repleta, majoritariamente por mulheres e crianças, algumas do lado de fora. Como há carência de sacerdotes, catequistas frequentemente dirigem a cerimônia. Mas, apesar da presença recorrente em cada comunidade rural de um templo católico e de outro protestante, proliferam também os cultos evangélicos, Testemunhas de Jeová, mórmons... No fundo, entretanto, todos permanecem com um nível elevado de "animismo", na visão da francesa dona de nosso hotel. As cerimônias funerárias, por exemplo, não passam pela igreja. Uma marca da cultura malgaxe, hoje em claro declínio, envolve o culto aos antepassados por meio da *famadihana*, festa cerimonial de exumação e ressepultamento do corpo alguns anos depois da morte. Muitas famílias gastam o pouco que têm na construção de túmulos em forma de casa, muito comuns nos cemitérios que vemos ao longo do caminho. Em casos excepcionais, no sul do país, substitui-se a exumação pela guarda do corpo na própria casa (preservado com formol) durante dois ou três meses.

Percorrendo as ruas barrentas e os becos e passagens estreitas entre as casas de Antoetra, algumas belamente ornamentadas, outras abandonadas ou ainda avariadas por um ciclone que atingiu o sul da ilha em fevereiro deste ano (2013), faz-se uma viagem num tempo e num espaço que nos impressiona pela diversidade e, ao mesmo tempo, pela repetição de nossa tragédia humana. Diante de nós, vendedores insistentes, crianças em busca de "presentes" e o chefe da comunidade esperando uma doação — todos parecem mergulhados entre a precariedade, impelindo-os à mercantilização e o que resta da riqueza de sua cultura, que às vezes sugere dissipar-se junto com o desaparecimento dos habitantes mais antigos. Mas o que mais nos sensibiliza é a falta de todo tipo de recursos materiais, simbolizada pela única torneira de água potável no meio do povoado e pela velha ardósia usada pelos alunos sem caderno na sala de aula da escola que visitamos na outra aldeia. Em Ambohidranandriana, encontramos muitos jovens que paravam de estudar depois do ensino fundamental porque não tinham nenhuma alternativa de transporte para a cidade. Outro percorria 20 quilômetros por dia em sua bicicleta para conseguir estudar. A única universidade pública do país está na capital.

Por momentos me sinto muito mal (além do enjoo constante pelo problema do intestino). Deixo a pequena multidão cheia de pedintes acompanhar minha amiga e me retiro para um canto, longe de todos, fugindo para o horizonte dos arrozais e das montanhas de granito. Penso no meu papel, fotografando e, de algum modo, espetacularizando a pobreza, e no quanto estou distante e, paradoxalmente, ao mesmo tempo tão próximo deste mundo. Quantas vezes me lembrei de minha infância, do árduo trabalho na lavoura (como aqui, várzeas de arroz ou, nas colinas, plantio de milho e mandioca), da busca do terneiro (bezerro) no campo, da falta de luz, de água (recolhida da chuva), do sonho tão distante de uma vida melhor na cidade... Mas também me lembro de todo o esforço e do papel das escolas públicas que me trouxeram até aqui e que me permite vivenciar esta rica geografia do outro lado do mundo.

Como não me enxergar refletido na dor profunda e nas alegrias autênticas desta perversa miséria? Ao mesmo tempo, vejo o quanto o ser humano, independentemente das condições sociais e políticas "sistêmicas", mais amplas (aqui desproporcionais, com a ausência completa ou a extrema precariedade do papel do Estado), pode ser também mesquinho, competitivo e individualista. Até onde se estendem e se imbricam, aqui, esses interesses e rivalidades individuais e a solidariedade comunitária, refletida no papel fundamental da família e dos "clãs" étnico-familiares? Até onde a "ajuda", intervenção ou assistencialismo externo atua na desmobilização desses grupos? Às vezes parece que grande parte da população só consegue sobreviver pela via do assistencialismo. E o jogo de atores (sim, porque há muito de teatro nisso) e interesses envolvidos parecem, com frequência, indecifráveis. Corrupção e crise se tornaram endêmicos em Madagascar. A impressão é a de que se vive no limite. Neocolonização (refletida, por exemplo, na aquisição de vastas extensões de terras por empresas chinesas), evidências do antigo colonialismo e colonialismo interno dos grupos hegemônicos locais estão mais vivos do que nunca. E o povo, na docilidade e no ritmo lento ("mora mora", a famosa malemolência malgaxe), parece ainda assim continuar sorrindo, sem revolta possível no horizonte.

RUMO AO SUDOESTE

Em direção ao sul pelo único grande eixo viário norte-sul malgaxe (uma estrada com trechos em más condições e outros recentemente asfaltados), tivemos nossa segunda estada por alguns dias na casa de habitantes de uma aldeia rural, agora passando da região agrícola, mais fértil, do platô central, para as planícies mais secas de criação de gado, do centro-sul de Madagascar. Ao entrar na sede da associação de moradores num sábado à tarde, surpreendemo-nos com a presença de dezenas de crianças entre 3 e 9 anos sentadas no chão batido, assistindo a um velho filme num pequeno aparelho de televisão — o único da comunidade — que, sem receber sinal, só serve para passar filmes em vídeo, como esse velho filme de Sylvester Stallone. A "glocalização", enviesada, também chegou até aqui...

Relembro assim outra surpresa ocorrida quando ficamos com uma família em Ambohidranandriana. Preparávamo-nos para a festa de despedida, à noitinha, e escutei nosso amigo Rado afinando o violão junto a algumas crianças do vilarejo. Percebi que já havia escutado em algum lugar aquela música. Michel Teló, quem diria, havia alcançado o interior de Madagascar. Tive de cantar com eles "Ai se eu te pego", cuja letra sabiam melhor do que eu, ainda que não tivessem a menor ideia de que as palavras eram da língua portuguesa e de que a música vinha da minha terra, o Brasil. Como aqui se diz que as crianças "têm a música no corpo", foi uma grande festa poder cantar junto com elas. A partir daí, descobri que, mesmo sem nunca ter sido fã de Teló e praticamente desconhecendo sua música no Brasil, aqui, em qualquer lugar a que chegasse, o melhor cartão de visitas seria apelar para o cantor. Em poucos instantes uma porção de crianças surgia ao meu redor em alegria contagiante e aparentemente surpresas por eu cantar uma música tão popular por ali. Até em postos policiais ao longo da estrada escutaríamos depois a mesma canção. Efeitos inusitados da globalização.

No total, acabamos percorrendo 1.780 quilômetros de estrada, sendo mil somente no grande eixo da capital até Toleara, no canal de Moçambique. Um dos trechos de estrada indicados como perigoso é o que atravessa a região de exploração de safira, em torno de Ilakaka, no centro-sul do país. Rado confessa que não passaria ali à noite. Em alguns pontos da estrada, rumo ao sul (junto ao vilarejo de Mahaboboka, por exemplo), há relatos de emboscadas a veículos mesmo durante o dia. Ilakaka parece uma urbe de faroeste, onde tudo é movimento e improviso. Mas o movimento diminuiu muito com a extinção de áreas de mineração. Na extração estão envolvidos grupos migrantes como tailandeses e cingaleses que, ilegais no país, sofrem processos de expatriação. Precariedade de infraestrutura, desemprego e violência são uma marca. Até o posto de polícia foi assaltado.

Há muitos postos policiais nas estradas para verificar o número de pessoas transportadas nos *táxis-brousse*. Também é ostensiva a presença policial na entrada das cidades. Parece que uma das poucas presenças efetivas do Estado na sociedade malgaxe se dá pela polícia, especialmente nos grandes (e poucos) eixos de maior circulação. Mas a corrupção rola solta, com os policiais sendo também popularmente conhecidos pela alcunha *corrompus* (corruptos).

Após o belo, ainda que malcuidado, parque nacional de Isalo e suas curiosas formações areníticas (com direito a presenciar uma nuvem gigante de gafanhotos, uma das piores pragas da agricultura local), o planalto central desce em direção ao canal de Moçambique, e a paisagem, mais árida, se transforma em estepe seca, aqui e ali decorada com alguns baobás resistentes. Basta parar para fotografar alguns deles e um grupo de crianças aparece, não se sabe bem de onde, para pedir, mais uma vez, *bobô* e *gadu* (bombons e presentes). Na estrada entre Isalo e Ameritsoa, garimpeiros só se deixam fotografar se pagarmos. Vilarejos muito pobres ainda possuem alguns nômades da etnia bara. A estrada é sempre, ao mesmo tempo, a rua principal dos vilarejos, com casas às vezes construídas sobre o que deveria ser um acostamento. Muitas galinhas, patos, gansos e mandioca, que é colocada para secar à beira da rodovia. Em alguns pontos até carroças são raras, e veem-se pessoas que, segundo o guia, caminham cotidianamente dezenas de quilômetros ao longo da estrada.

•

IFATY E OS BAOBÁS

A estrada de Toleara para a praia de Ifaty, no sudoeste malgaxe, é uma longa reta arenosa só utilizável por veículos com tração nas quatro rodas. A velocidade média é de vinte quilômetros por hora, ou seja, levamos mais de uma hora para chegar ao hotel, a apenas 26 quilômetros de Toleara. No caminho, nosso último trecho de estrada nestas três semanas de Madagascar, a pobreza e a miséria malgaxes, onipresentes ao longo de toda a viagem, ainda continuam nos surpreendendo. Em meio às nuvens de poeira que se espraiam pelas dunas com a brisa reforçada do entardecer, um deficiente físico que, de longe, nos confunde, atravessa a estrada e quase é atropelado em sua súplica por dinheiro dos *vazaha*, como são conhecidos os estrangeiros brancos por aqui. Vilarejos muito pobres e casas de palha se sucedem, o manguezal devastado dá lugar ao encontro direto com a orla, as ondas quase alcançando a estrada. Minha coluna reclama, tusso forte, mas não dispenso o ar-condicionado (diante da poeira). Rado — motorista e guia — volta a comentar do retorno que precisará fazer ainda hoje pela mesma estrada e do perigo de trafegar à noite. As estradas malgaxes não são seguras, não só pelo estado precário, mas também pelas emboscadas, como já comentado para o caso de Ilakaka.

Chegamos ao nosso destino às 17 horas. Apesar da buzina, com o vento forte no sentido contrário, não há ajuda para carregar as malas que puxamos com dificuldade em meio ao areal. O hotel formado por bangalôs, como a maioria em Madagascar, é simpático, e a praia, bem em frente, é paradisíaca. Deixamos a bagagem no bangalô (sem água quente e com luz apenas das 13 às 22 horas) e saímos caminhando pela praia, pois minha amiga quer se informar sobre mergulho junto à grande barreira de recifes que se estende a cinco quilômetros da costa. Alguns coqueiros dão um ar brasileiro à paisagem, e lembro as praias do Nordeste. Logo somos (per)seguidos por vendedoras que se empolgam diante do interesse de minha amiga pelos pareôs, espécie de capulanas malgaxes. Empolgação que, como com frequência nesta viagem, logo se transforma em incômodo, pois não largam do nosso pé. Ida e volta, e as mulheres do nosso lado, mesmo quando minha amiga, por sua fobia de cães, acelera o passo, apavorada diante da aproximação de um pobre vira-lata que segue muito tranquilo do nosso lado. Recomendo a ela um tratamento, assustado pelo seu olhar de pavor, mas isso eu já havia lhe dito em outra viagem, e finalmente entramos em "território livre" (de vendedores), a plataforma de um restaurante que dá direto sobre a praia.

O vento forte prossegue, e as condições de mergulho no dia seguinte não são as melhores. Entramos no bangalô sem forro e coberto de palha e somos surpreendidos por um camaleão (ou algo parecido) de cerca de vinte centímetros ornamentando a parede. Aponto com a lanterna, acho um pouco estranha a cabeça pequena do animal e comento com minha amiga sobre o caráter inofensivo das lagartixas no Brasil. No mesmo instante, outro começa a sair de trás de um quadro de um antigo líder malgaxe e, mesmo diante da preocupação de minha colega, rio muito, dizendo que toda a família do animal mora ali e que estamos sendo muito bem recepcionados — afinal, os camaleões, junto com os lêmures, são os animais-símbolo de Madagascar e ilustram a capa do meu guia do país. Mas, na dúvida sobre o comportamento noturno dos répteis num quarto de hotel e diante das súplicas de minha amiga, vou até a portaria perguntar se os bichos são mesmo inofensivos. Então, para nossa surpresa, descobrimos que se trata mesmo de grandes lagartixas, muito úteis no combate à mosquitama local. Deixamos nossos animais, agora de estimação, circularem livremente pela parede e só torcemos para que nenhum despenque sobre nossos mosquiteiros, como aconteceu com um sapo no bangalô do hotel em Manakara, o que me deu um baita susto durante a madrugada.

A comida do hotel é boa. Cecile, a proprietária que dá nome ao estabelecimento, é simpática e coordena diretamente a cozinha. Depois do almoço, correto, mas espartano, com um prato de *min sao* (espaguete com legumes e frango) num restaurante caseiro muito simples em Toleara, o jantar *chez* Cecile foi um banquete: de entrada, terrine com salada, como prato principal, cabrito ao molho de legumes, e, de sobremesa, salada de frutas com iogurte caseiro (enfim um laticínio, tão raro nesta viagem).

A noite foi tranquila, depois de um dia inteiro de viagem desde o parque de Isalo. O vento amainou e também o barulho das ondas — que, em Manakara, aberta para o Índico, do outro lado da ilha, era tão forte que não nos deixava dormir. Aqui a barreira de recifes funciona como um grande quebra-mar, e as vagas chegam suaves à orla. O único som que incomodou foi o dos pássaros malgaxes de madrugada, uma sinfonia complicada bem ao lado do nosso bangalô. Um deles, espécie de bate-estaca, era tão chato que me levantei e fui lá fora espantá-lo. Para ele voltar pouco tempo depois. Mas, como aqui sempre dormimos cedo, no máximo às 9h30, acordar às 4 já significa um bom descanso.

No dia seguinte, o grande programa era a visita ao parque Remala, ou floresta dos baobás. Os baobás, junto com os lêmures, são a grande atração natural de Madá, como carinhosamente os malgaches chamam seu país. A pequena viagem de meia hora em estrada esburacada e/ou arenosa até a reserva foi feita de charrete, como dizem os franceses (e os sulistas, no Brasil). Dois zebus puxavam a pequena carroça onde sentamos no chão, na parte

de trás. O efeito na coluna não foi dos melhores. Pra completar, nosso guia se esqueceu de fazer uma "comanda" para o jantar do hotel, e tivemos de voltar ao vilarejo e refazer o trajeto. A todo instante apareciam as infalíveis crianças pedindo *bobô* — agora com reciprocidade, pois estávamos reabastecidos com balas locais compradas em Toleara. Algumas se penduravam na carroça e se divertiam deslizando pela areia.

A reserva foi nosso primeiro contato com os baobás que alimentavam o nosso imaginário antes da viagem. Um deles, velho de 1.500 anos, é o terceiro maior de Madagascar. Alguns começam a dar frutos somente depois de 20-25 anos e, "como os humanos", diz o guia, crescem primeiro tudo o que podem na vertical para depois crescerem apenas para os lados. Ao contrário do que se pensa, não servem para extração de madeira, pois são porosos, ocos, mas constituem uma boa casa para as abelhas — provamos no hotel o gostoso mel de baobá. Há baobás de todo formato: baobás tipo garrafa, baobás entrelaçados, baobás em forma de serpentes... A imagem da "floresta" na verdade é mais a de uma mistura entre caatinga e cerrado, alternando os imensos baobás, sempre distanciados uns dos outros, com várias espécies xerófitas, resistentes ao clima semiárido da região. Há diversos cactos endêmicos da ilha, como já tínhamos visto num jardim botânico na entrada de Toleara. Um cacto gigante, único com caule de madeira, é considerado a "bússola malgaxe", por estar apontando sempre para o sul. O solo é arenoso, terreno de pequenas serpentes, lagartos, camaleões e muitos pássaros, incluindo um *longue queue* (cauda longa), endêmico dessa região, que pouco voa e vive correndo pelo chão.

Na volta, uma caminhada pela praia revela mais uma vez a "perseguição" de vendedoras de souvenirs e dos pescadores que fazem passeios em piroga até a barreira de recifes. A diferença é que, assim que se "familiarizam" com os turistas, passam a oferecer também serviços de massagem, que descrevem com as partes do corpo para finalizar com um *pour votre plaisir*, que subentende a prostituição, crescente na região em função das crises econômica e política enfrentadas pelo país desde 2009. A maioria das mulheres aqui usa durante o dia, no rosto, um creme claro extraído da casca de uma árvore, e parecem portar sempre uma máscara. Na verdade se trata de uma eficiente proteção contra a inclemência do sol tropical.

NOTAS AVULSAS

Dos jornais da capital, *L'Express* e *Midi Madagasikara* (nomes que revelam heranças da colonização francesa), na chegada, início de abril de 2013: joint-venture com uma grande companhia chinesa envolvida em projeto de exploração das areias escuras de ilmenita no sudoeste do país; grande aumento no uso de anticoncepcionais; Ilakaka (por onde passamos) volta a ter energia elétrica após quatro meses; continua a migração de trabalhadoras domésticas para os países do Golfo Pérsico, apesar das denúncias de violências físicas e sexuais; anistia não é concedida a alguns políticos e generais; setor informal do artesanato ganha terreno; Banco Mundial afirma que o custo da devastação ambiental no país equivale a 9% de seu produto interno bruto; exportação de carne de caprinos em alta; projeto da COI (Comissão do Oceano Índico) afirma que Madagascar será o celeiro do Índico, aumentando consideravelmente a produção de milho, arroz, grãos secos e cebola — dos 60 milhões de hectares cultiváveis da Grande Ilha ainda restam 18 milhões; rodovia RN4 se degrada cada vez mais; necessidade de integrar Madagascar à Asean (Associação das Nações do Sudeste Asiático [curiosidade: o idioma malgaxe é parente do bahasa indonésio]; oitava edição de festival de curta-metragens na capital; festival de hip-hop "Basy Gasy".

Questões de saúde e alimentação. Camponeses em Ambohidranandriana, preocupados com a difusão da Aids no país (que, ao contrário do resto da África, ainda afeta uma proporção mínima da população), reclamam que ela é disseminada pelos homossexuais. Ficam surpresos ao afirmarmos que também é transmitida pelo contato heterossexual. Encaram o homossexualismo como "doença" e ficam muito admirados quando minha amiga defende a luta dos homossexuais por seus direitos na França. Segundo os jovens, a sexualidade é vivida de forma relativamente prematura, com as meninas começando a vida sexual por volta dos 12 anos. Ainda em relação à saúde, durante um longo percurso que realizamos pelos campos, esses camponeses nos revelam conhecer vários tipos de plantas medicinais. Diante da extrema carência de assistência médica, vemos como é importante (e necessária) a medicina natural nas comunidades rurais. Próximo a Manakara, no litoral leste, visitamos uma fábrica artesanal de essências medicinais. Noventa por cento dos tratamentos no país ainda são feitos a partir das plantas. Segundo o site da ONG “L’Homme et l’environnement”, o isolamento da ilha até o final dos anos 1990 fortaleceu esse tipo de tratamento, desenvolvendo-se um precioso know-how de propriedades curativas extraordinárias. Algumas tradições problemáticas, contudo, ainda são mantidas, como a circuncisão feita em casa, por volta dos 2 anos de idade (7 anos entre a minoria muçulmana), com risco de contrair doenças. Um programa assistencial australiano de saúde foi proposto conjuntamente para Madagascar, Etiópia e Somália, demonstrando a precariedade do sistema de saúde local. Algumas doenças endêmicas no litoral, como a malária, fizeram com que o governo desenvolvesse uma campanha de distribuição de mosquiteiros aos moradores. Numa estratégia inédita de sobrevivência, muitos acabaram utilizando-os para a pesca do camarão, como foi possível observar numa laguna em Manakara, perto do litoral. Diante da grande diversidade de remédios e comidas que sabem fazer, descobrimos, curiosamente, que na primeira comunidade rural em que ficamos a população desconhecia um de meus aprendizados de infância: fazer manteiga. Nem aproveitavam a nata do leite. A comida cotidiana mais frequente é arroz (sem sal) e carne de porco e/ou de vaca. O zebu é um símbolo de poder. Em alguns mercadinhos das cidades, encontramos biscoitos importados da Índia e da Turquia e sucos do Egito.

Trem no “Chemin de Fer Fiananratsoa — Côte Est (FCE)” (Ferrovia Fianarantsoa Costa Leste). Saímos de uma altitude de 1.100 metros até o nível do mar. Cento e sessenta e três quilômetros, sendo noventa de povoados isolados, onde só há o trem como meio de transporte. Mesmo na primeira classe, o vagão não tem portas, não há ar-condicionado e as janelas estão emperradas. A ferrovia praticamente não passa por qualquer manutenção, e às vezes a impressão é de que a floresta está entrando nos vagões. Continuo cantando "Ai, se eu te pego, assim você me mata..." nas longas paradas em cada estação, reunindo pequenas multidões de crianças. Outros no nosso vagão trazem balões, que enchemos e distribuímos, fazendo a festa dos pequenos. Mas alguns, em áreas mais remotas, ainda têm medo dos *vazaha*, os estrangeiros brancos. Vende-se de tudo no trem; alguns sobem numa estação e, com o beneplácito do "controlador", vão vendendo produtos até a próxima parada. Pimenta e baunilha fazem sucesso entre os turistas, a maior parte francesa. Também há muita laranja, banana e maracujá. O final da linha é na cidade portuária de Manakara.

Manakara. Nosso hotel está semiabandonado. O tsunâmi que também afetou este lado do Índico acabou invadindo a piscina, agora inutilizada. Uma companheira de viagem foi atacada durante uma caminhada na praia. A polícia chegou a tempo e bateu muito no ladrão, aparentemente um deficiente mental que tentou levar uma câmera. A burocracia para troca de dinheiro na agência bancária local é tremenda — meia hora para assinar documentos e retirar o dinheiro. Exigem fotocópia do passaporte e assinaturas. A funcionária não entende qual é o número do passaporte nem onde foi expedido. "Dedógrafa", utiliza uma velha máquina de escrever, e a impressora é das primeiras que surgiram.

Segregação étnica. Madagascar, ao contrário de outros países africanos, não é marcado por uma grande diversidade e rivalidade étnico-racial. Mesmo assim, é forte a segregação entre grupos do planalto (prioritariamente malgaxes de origem indonésia) e da costa (onde há muitos africanos negros). Algumas etnias proíbem casamento com grupos diferentes. Rado nos conta a triste história de sua mãe, a quem ele não chegou a conhecer e que se suicidou por ter sido falsamente acusada de adultério por sua própria família, numa história forjada e repassada ao pai de Rado durante o período de três meses em que esteve estudando na França. A família, de Antsirabe, no planalto, nunca teria aceitado o casamento com um negro do litoral.

MEMÓRIAS E LIÇÕES

Madagascar é uma viagem ao meu passado, a um passado ainda presente (mas oculto) do Brasil e, sobretudo, paradoxalmente, uma viagem a um presente-futuro que esse passado-presente invoca e denuncia. Viagem ao meu passado porque revivo nas aldeias rurais e na pobreza urbana um pouco do que vivi em parte da minha infância no interior do Rio Grande do Sul: "ranchos" de palha, fogão a lenha, ausência de eletricidade e água encanada, "patente" e banheiro de madeira fora de casa, importância do cultivo de arroz irrigado e do gado, trabalho duro no campo, carreta de bois, longas caminhadas, a dificuldade da família para proporcionar estudo aos filhos... Viagem a um passado ainda presente — mas relativamente oculto — de um pedaço expressivo do Brasil porque revela índices de pobreza, analfabetismo e esperança de vida como os ainda existentes em muitas áreas do interior brasileiro nordestino ou amazônico. E presente-futuro que esse aparente passado (ou passado-presente) invoca e denuncia porque Madagascar expressa não o passado de um tempo linear e evolutivo ou uma simples reminiscência ou exceção no presente, mas um espaço ao mesmo tempo único e reiterado em imensas áreas do chamado Terceiro Mundo, especialmente nos contextos africano e sul-asiático. Madagascar denuncia um futuro possível que se desenha para muitos desafortunados da Terra: a vida no seu limiar mais precário, a vida no limite, quando o provisório se faz permanente e a sobrevivência depende do assistencialismo de ONGs e Igrejas. A insegurança reina, mas não exatamente aquela do espaço público marcado pela violência — embora esta tenha aumentado muito diante da crise econômica mundial e da crise política interna de 2009 (golpe de Estado e boicote internacional). A insegurança em Madagascar é a mais

elementar, a de garantia de condições mínimas de vida. Mas há, por outro lado, a persistência de um povo tenaz, solidário e que, ao seu ritmo, acaba encontrando sempre alguma saída comunitária para ultrapassar seus dilemas ou aprender a conviver com eles.

Alguns dados são flagrantes da condição de precarização social do país, um dos mais pobres do mundo: a média de vida está na casa dos 50 anos; o analfabetismo em áreas rurais (onde vive 70% da população) está em torno de 60%; 92% da energia vem da combustão da madeira (82% das casas consomem lenha e 17%, carvão vegetal), somente 12% das residências têm acesso à eletricidade.

Os meios de locomoção mais comuns nas áreas rurais ainda são os carros de boi e carrinhos empurrados manualmente. A quantidade de pessoas andando quilômetros e quilômetros pelas estradas, carregando muito peso, é flagrante. Nas cidades, sobrevive o riquixá humano que, depois de minha visita a países do Oriente, onde desapareceu, pensava que não existisse mais. Talvez só sobreviva aqui. Parece estarmos noutro tempo, e dá dó ver aqueles pobres e magros "transportadores" correndo pela rua com sua carga humana nas costas. Carros modernos são poucos; há vários automóveis franceses antigos de segunda mão que, na França, poderiam virar peça de colecionador. Isso não seria ruim se o transporte público tivesse alguma eficiência. Mas ônibus são raros e proliferam as vans, chamadas "táxis-B" nas áreas urbanas e *táxis-brousse* ("do mato") nas ligações intermunicipais. Em geral superlotadas, carregadas de sacos e sacolas e com a porta de trás aberta, com um "cobrador" dependurado (como em muitas vans brasileiras). Trens de passageiros são ligação rara e demorada, com apenas três linhas. Na que percorremos de Fianarantsoa a Manakara, levamos 13 horas para completar 163 quilômetros. Mesmo os aviões da Air Madagascar não costumam ser pontuais, e mudanças de horário ocorrem com frequência e sem aviso, como constatamos no voo entre Toleara e Antananarivo. As estradas asfaltadas, raras, em geral estão em condições precárias.

Grandes áreas do país ficam isoladas na época das chuvas, o que nos obrigou a cancelar a ida até Morondova, terra dos baobás gigantes, mesmo um mês após o término da estação chuvosa. Algumas áreas são atingidas por ciclones. O mais recente havia passado dois meses antes de nossa viagem, assolando parte do Sul que visitamos e interferindo na manutenção de algumas atrações turísticas. A famosa piscina natural do Parque Nacional de Isalo, por exemplo, desapareceu com a carga de sedimentos trazida pela força inédita das águas. No dia em que visitamos a área, um batalhão de trabalhadores começava a retirar a terra do local. A sedimentação também afetou a visibilidade marítima nas áreas litorâneas entre a costa e a barreira de corais, que é a grande atração da costa sudoeste da ilha. A cidade de Toleara foi inundada e ainda não havia se recuperado dos efeitos do ciclone.

Com um Estado frágil, instável e reconhecidamente muito corrupto, as políticas públicas têm efeitos bastante restritos. Signos de que o provisório aqui se torna permanente são algumas pontes, como a que transpõe o canal de Pangalanes, em Manakara. Depois da queda de uma ponte logo após sua inauguração, sob o peso de um caminhão, ela passou a ser usada apenas para travessia de pedestres. Enquanto isso, o governo improvisou outra, bem mais baixa, e sob a qual mesmo os pequenos barcos de pescadores têm dificuldade em passar. Depois de anos parecendo uma ponte temporária construída em época de guerra, continua a única passagem de automóveis sobre o canal. A degradação do patrimônio público e das infraestruturas de transporte é visível, não só pelo estado das estradas, mas também dos portos, como o de Manakara, praticamente abandonado.

Além do domínio da improvisação e do provisório, com frequência verificamos a força da reciclagem e do uso do que por outros seria rejeitado. Nas paradas do trajeto ferroviário, sempre havia crianças pedindo garrafas plásticas. Impressionava a quantidade de roupas e calçados usados, às vezes de grifes famosas (que julgávamos falsas), encontradas à venda por todo canto. Mais surpreendente foi ler num semanário francês, pouco tempo depois, o perverso negócio de milhões de dólares que envolve a venda de roupas usadas doadas a instituições de caridade na Europa, as quais chegam aqui para serem revendidas, ainda que a preços módicos, mas com um enorme lucro para os atravessadores. Esse comércio atingiu tamanha força que está colocando em risco a indústria têxtil de diversos países africanos.

Madagascar nos surpreende por todos os lados, num misto de criatividade, solidariedade, exploração e miséria. Ali, aprendi a força de uma geografia da precariedade e do improviso, onde o provisório e o reaproveitamento emergencial acabam muitas vezes por se tornar a regra.

EGITO E JORDÂNIA

DO MAR VERMELHO AO SINAI

Viajar pelo Egito "entre a África e a Ásia", passando do vale do Nilo, "na África", à península do Sinai, "na Ásia", permite-nos reconhecer uma das muitas peças que a geografia nos prega: aquela que envolve a regionalização, os recortes ("regionais") do espaço. Especialmente quando, como neste caso, é considerado apenas um grande critério de regionalização, talvez o mais tradicional, o da geografia física, através da composição entre grandes massas de terras e grandes massas de água, continentes e oceanos.

Que sentido tem uma divisão física do mundo desse tipo que distingue África e Ásia dentro de um mesmo país? Que significado tem dizer que o istmo de Suez, onde foi construído o canal, entre os mares Mediterrâneo e Vermelho, representa a separação de dois continentes? Caso parecido ocorre com o istmo de Tehuantepec, no sul do México, entre o Atlântico (Golfo do México) e o Pacífico, tido como a separação entre as Américas Central e do Norte. No caso egípcio, não é possível, absolutamente, distinguir mudanças expressivas na paisagem. Embora tenhamos atravessado de avião de Luxor a Sharm el-Sheikh, sobrevoando o golfo de Suez, deixamos um deserto e um conjunto de montanhas semelhante em Luxor, as quais fomos reencontrar nos arredores de Sharm el-Sheikh. Não há fronteira alguma por aqui. Mesmo assim, como veríamos logo adiante, mais ao norte, o deserto vai sendo geopoliticamente recortado por linhas geométricas entre Egito, Israel, Jordânia e Arábia Saudita, processo consolidado até mesmo com a construção de muros, como ocorre na fronteira norte da Arábia Saudita, entre Israel e Palestina e, em projeto, entre Israel e Egito. Sem esquecer que toda a península do Sinai — e aí, sim, o canal de Suez adquiriu algum sentido divisório — foi tomada por Israel na Guerra dos Seis Dias, em 1967.

Sharm el-Sheikh é muito provavelmente o balneário marítimo egípcio mais famoso. Confesso que meu mínimo interesse por conhecê-lo estava associado à confirmação de um muro que cercaria a cidade, divulgado numa reportagem que havia lido ainda no Brasil. Não tinha a menor identificação com um resort segregado, "fabricado" para receber turistas estrangeiros. Mas, por outro lado, era nossa base para conhecer o coração da península do Sinai, onde estão o monte Sinai e o monastério de Santa Catarina.

Sharm el-Sheikh, e especialmente o distrito denominado Charming Sheikh, junto ao golfo de Aqaba, no mar Vermelho, é um protótipo dos megarresorts turísticos que, para além de entidades privadas isoladas, como o modelo Mediterranée, bem conhecido no Brasil, abrangem planejamento urbanístico para uma cidade inteira. Até os trabalhadores são colocados à parte, vivendo numa periferia também planejada para que não se intrometam demais no verdadeiro enclave globalizado onde proliferam as grandes cadeias hoteleiras e comerciais conhecidas em todo mundo. A própria arquitetura, em geral de muito mau gosto, lembra uma grande Disneylândia, com villages tentando reproduzir desde tradicionais aldeias núbias até recantos europeus sofisticados. Os frequentadores habituais aqui são italianos, russos e ingleses, mas também se veem franceses, alemães e mesmo brasileiros, que, como nossa viagem vinha mostrando, viajam mais para o Egito do que se imagina: somente no voo Luxor-Sharm (como popularmente é conhecido) havia quatro pequenos grupos/famílias de brasileiros. No Cairo, um dos guias falava fluentemente o português. Para completar a "referência" brasileira, o avião em que voamos era da Embraer, e encontrei chocolate Garoto num mercadinho de Luxor.

Também surpreendente neste balneário-enclave é o controle do acesso. Uma vasta área em torno do aeroporto e na entrada da cidade está limitada por uma alta cerca de arame farpado, que às vezes parece um fantasma sobre a árida e vazia planície do deserto circundando a cidade. No levantamento para a pesquisa que realizo sobre muros havia uma reportagem sobre Sharm el-Sheikh e seu "muro de exclusão" dos beduínos, acusados de responsáveis pelos atentados mortais de agosto de 2005 na cidade. Não consegui confirmação no local, mas ficou claro que pelo menos uma parte dessa cerca acabou sendo construída, apesar das reivindicações dos beduínos das montanhas para que não fosse executada, pois prejudicaria o deslocamento deles e o acesso à cidade. Afinal, segundo o semanário *Al-Ahram* (em reportagem de 15 de dezembro de 2005), eles dependem basicamente do turismo para sobreviver, realizando safáris no deserto e vendendo artesanato. Para o jornal, "a plataforma de concreto armado, sustentada por barras de ferro, numa distância de 20 quilômetros e um metro de largura", já teria sido edificada, restando construir o verdadeiro muro de separação. Pelo que verificamos (em 2010), a obra ficou apenas na cerca e provavelmente não atinge os 20 quilômetros alegados. Ainda assim, o controle do acesso foi bastante intensificado, e, "para que os beduínos possam ir a Sharm el-Sheikh para fazer compras, devem mostrar um documento obtido junto ao Ministério do Interior, como se eles não fossem cidadãos do país". Fica claro o processo de segregação no tocante a esses grupos, forçados a se sedentarizar em assentamentos precários ao longo das rodovias no meio do deserto e, depois, para piorar, acusados de cúmplices do terrorismo.

O verde dos resorts lembra um grande oásis artificial, o que de fato a cidade é, rodeada por uma impressionante aridez. Contaram-nos que as chuvas aqui são muito raras, ao contrário do maciço do Sinai, ainda que possam ser rápidas e violentas. Na rodovia de entrada, praticamente a única de acesso à cidade, há um ponto de controle (*checkpoint*) militar que, descobrimos na viagem ao monastério de Santa Catarina, se reproduz por todas as estradas egípcias ou, pelo menos, na região da península do Sinai, historicamente marcada pelo conflito com Israel. Cada grande entroncamento ou posto militar intermediário nas rodovias exige um documento-licença por parte dos motoristas, explicando os motivos da viagem e a origem dos passageiros. Nosso guia comenta que os cinco ou seis *checkpoints* desde o Cairo até Sharm el-Sheikh garantem o "controle da pobreza" na cidade, pois praticamente ninguém que não tenha condições mínimas pode migrar para cá. Mais uma prova do "Estado de segurança" ou do nível da "sociedade de controle" a que está submetida a população egípcia desde pelo menos os anos 1980, sob a ditadura Mubarak.

Segundo o livro que estou lendo, *Cairo Cosmopolitan: Politics, Culture, and Urban Space in the New Globalized Middle East* (de D. Singerman e P. Amar, publicado em 2009), assim como nos condomínios fechados e nas novas cidades isoladas dos ricos no deserto do entorno do Cairo, Sharm el-

-Sheikh reproduz o mesmo padrão dos muros, cercas e "portais" de controle que reprimem ou removem a população pobre a fim de impedir o máximo possível seu contato — residencial, pelo menos, pois necessitam muito de sua mão de obra barata — com a população mais rica ou com os turistas estrangeiros. Como no Cairo, aqui também "os muros literais e metafóricos estão sendo cada vez mais construídos" nessa lógica que propomos denominar de contenção territorial das populações subalternas.

O "charme" de Sharm parece ser muito mais para "emergentes" como os novos ricos russos e sua aparência ostentatória. Saindo da cidade de certo modo enclausurada, o deserto é a norma. Alguns vilarejos muito pobres de beduínos, "donos" ou "moradores do deserto", como sua denominação original indica, aparecem em alguns pontos da estrada na direção dos balneários de Dahab e Nuweiba, no golfo de Aqaba. Nessas cidades também se encontram assentamentos promovidos pelo Estado para fixar os nômades. Seguimos para o monte Sinai para visitar o famoso monastério de Santa Catarina. Quatro *checkpoints* ao longo do caminho de cerca de 230 quilômetros atestam o já comentado nível de controle dos militares egípcios sobre a península. No primeiro deles, inadvertidamente, tentei fazer uma foto e por pouco não tive minha máquina fotográfica confiscada por guardas fortemente armados.

Monastério Santa Catarina

A paisagem tem tonalidades e formas desconhecidas para um brasileiro. Marrom, vermelho, laranja, amarelo e uma ou outra zona arenosa esbranquiçada dominam o panorama. As montanhas, que ornamentam o horizonte desde a saída da planície mais estreita em torno de Sharm el-Sheikh — tomada pelo maciço do Jebel (monte) Sahara, de 1.459 metros —, exibem as mais diversas formas erosivas. A luz do sol, sempre ofuscante, e o azul infinito do céu do deserto ajudam a ressaltar e a emoldurar essas formas, moldadas principalmente sobre o arenito, mas também no calcário e, nas partes mais altas, no granito. Embora nunca a mais de uns 15 quilômetros do mar, as montanhas teimam sempre em ocultá-lo nos primeiros 130 quilômetros da viagem. Depois, dá-se uma guinada de 90° para o oeste, rumo ao coração do Sinai, e a paisagem se torna ainda mais árida. De quando em quando a presença humana é denunciada apenas pelas raras construções de casebres pobres, grande parte deles abandonada, alguns camelos perdidos e um ou outro beduíno à beira da estrada. De repente, uma instalação militar rústica, com cerca eletrificada, anuncia mais um *checkpoint*. Por fim, já próximo ao monastério, um diminuto oásis, o único de todo o trajeto, e o último portal de controle.

Paramos logo depois para beber algo gelado, pois, mesmo sendo inverno e nesta altitude, o sol é inclemente. Para alcançar o monastério ainda se deve andar a pé um bom trecho que os mais comodistas acabam trocando pela montaria de um camelo, alugado pelos beduínos da região. Estes, especialmente as crianças, aproveitam também os turistas para lhes vender pedras de vários tipos, especialmente pequenos geodos e opalas. O caminho até o monastério, apesar da inesperada multidão de turistas (concentrada entre as 9 e as 12 horas da manhã, único horário aberto à visitação) e do odor dos camelos, torna-se facilmente um espetáculo quando se olha para os rochedos no alto do vale estreito. De repente, a aridez recebe o afago do verde das primeiras plantas neste oásis, que são os jardins e hortas do monastério, com olivais, figueiras e ciprestes. Santa Catarina é o monastério mais antigo em atividade contínua que se conhece, plantado no sopé do célebre Jebel Musa ou Monte Sinai, onde Moisés teria recebido as tábuas da lei, no seu longo êxodo entre o vale do Nilo e o mar Vermelho, rumo à Terra Prometida.

A pesada e sóbria muralha construída por Justiniano no século VI, a qual atravessamos por uma entrada diminuta, oculta a opulência e o brilho da Igreja da Transfiguração, coração do monastério. O impacto ao passar da sobriedade dos muros à suntuosidade do interior da igreja impressiona. Mesmo o ruído da multidão se cala (ou é calado por um guarda...) ao adentrar o templo. Grécia e Egito parecem se unir aqui, as bandeiras das duas nações emoldurando a entrada. As orientações e explanações são em grego, árabe e inglês. Lembro-me do Monte Athos, de onde provém boa parte dos monges, e imagino este monastério como um território autônomo, espaço cristão ortodoxo encravado no coração do mundo árabe islâmico. Mas logo me convenço do contrário, ao perceber, lado a lado, a torre de nove sinos doada pelo tsar russo durante o domínio otomano no século XIX e o minarete de uma mesquita muçulmana — hibridismo inusitado e rico, reproduzido ainda hoje também na relação entre monges e beduínos. Eles mantêm a prática de produzir e distribuir o pão conjuntamente entre monges ortodoxos e beduínos muçulmanos, numa convivência pacífica de culturas e religiões, gesto que se torna uma lição em pleno coração de uma das regiões historicamente mais conflagradas da Terra.

Sharm el-Sheikh, janeiro de 2010.

A TRAVESSIA DO MAR VERMELHO

A travessia do golfo de Aqaba, no mar Vermelho, do Egito à Jordânia, começou com um enorme imprevisto. Um dos meus amigos brasileiros, companheiros de viagem, esqueceu a mala no hotel em Sharm el-Sheikh, a mais de duas horas de viagem de Nuweiba, local de embarque do *ferryboat* para a Jordânia. Depois de muita discussão e nervosismo, meu amigo optou por pagar cem dólares por um táxi (que aqui se chama limusine) de Sharm el--Sheikh a Nuweiba para trazer as malas, confiando na imprevisibilidade do horário de partida do *ferry*, que, segundo nos informavam, poderia ocorrer entre 13 e 16 horas. Para azar de meu amigo, as malas chegaram no exato momento em que o *ferry* recolhia sua imensa plataforma de embarque, e ele foi parado na alfândega. Como só há uma travessia diária, precisou se hospedar num hotel em Nuweiba até o mesmo horário no dia seguinte, perdendo um dos grandes passeios da viagem, o vale da Lua no deserto de Wadi Rum, no sul da Jordânia.

A chegada do *ferry* tomado de mercadorias permitiu presenciar cenas insólitas, como o carregamento de uma van com bagagens que alcançavam quase o dobro da altura do carro. Fiquei imaginando como passaria nas curvas das montanhas sem tombar. A entrada no *ferry* é uma pequena epopeia que começa com a passagem pelo detector de metais, uma longa caminhada até o prédio da alfândega egípcia (onde é obrigatório preencher novamente o mesmo formulário já preenchido na chegada) e a espera numa imensa e rústica sala onde nenhuma informação é anunciada e a porta em direção ao cais, que fica distante, permanece o tempo todo aberta sem nenhum tipo de controle. Perguntamos aos agentes da alfândega, únicos ali que parecem falar um pouco de inglês, e eles realimentam nossa incerteza: "mais ou menos" uma hora adicional de espera. Enfim, depois de nosso "almoço", que se restringe a um saco de batatas fritas, biscoito e um suco de goiaba, a multidão de repente se agita e um arremedo de fila se forma, para logo depois serem chamados primeiro os estrangeiros rumo a um ônibus velho, no qual subi com dificuldade (minha mala, pesada, incluía um litro de cachaça encomendado pela amiga francesa que eu encontraria na volta, em Paris).

Apenas a metade da frente do ônibus tem poltronas, por onde entram os que carregam menos bagagem. Eu, ao contrário de meus amigos, sou enviado para a porta de trás, no meio de alguns beduínos cheios de sacolas enormes e rodeados por muitas moscas, companheiras inseparáveis de nossa viagem desde Abu Simbel, no sul do Egito. Calor infernal, e as janelas estão todas trancadas. Mas o trajeto é curto e logo depois descemos para ingressar no *ferry* pela ampla entrada de carros, onde verificam novamente nossos passaportes, e cada pessoa, sem nenhum tipo de controle ou registro, simplesmente larga a bagagem no chão, uma atrás da outra, e entra noutra fila, rumo à escada para o andar superior, onde há mais dois controles: um para entrega do bilhete de viagem, outro para entrega do passaporte e carimbo de entrada na Jordânia. Como a maioria deixa para tirar o visto aqui, isso gera mais uma pequena confusão. Finalmente nos encaminhamos para ocupar poltronas vagas (pois não são numeradas) e, ávidos como sempre por uma janela para usufruir a paisagem, percebemos que praticamente nenhuma tem visibilidade, todas bastante riscadas e embaçadas. Dali já se poderia ver, do outro lado, as montanhas desérticas da Arábia Saudita.

Percebo que há escada para um terceiro piso, o da "primeira classe", com deck para o exterior, tudo o que um geógrafo que se preze almejaria. Pergunto se posso subir para fazer uma foto, mas recebo como resposta uma negação veemente. Meus dois amigos, mais atrevidos, buscam saber como passar para a primeira classe. Primeiro lhes informam que está lotada. Mais um pouco de insistência, um novo informante — provavelmente superior na escala de comando —, e descobrimos que, por vinte dólares, teremos acesso a uma primeira classe cujas poltronas em nada diferem das da segunda, mas está praticamente vazia e tem um deck fabuloso onde vamos apreciar uma hora de viagem sob o céu e o mar azuis do golfo de Aqaba, emoldurado como um fiorde pelo imenso platô do Sinai, do lado egípcio, a oeste, já sombreado, e as montanhas da Arábia Saudita, a leste, douradas pelo sol do poente.

O *ferry* acelera rapidamente e o vento fica forte, mas não saímos do deck. Ao final da tarde, o golfo começa a estreitar e podemos divisar a cidade saudita de Haqi, toda branca, já praticamente colada à fronteira jordaniana, marcada pela presença de chaminés de uma grande fábrica de cimento e das instalações do terminal do porto de Aqaba para embarque de fosfato, um dos produtos básicos de exportação da Jordânia.

Ao anoitecer (que aqui acontece por volta das 16h30), admiramos o acender das luzes de Eilat, no lado israelense, à nossa esquerda, e um jordaniano nos aponta os locais exatos das fronteiras, quatro países incrivelmente geminados numa distância de algumas dezenas de quilômetros no fundo do golfo de Aqaba. Essa inacreditável proximidade — e ao mesmo tempo fragmentação — de um espaço aparentemente indistinguível, pelo menos no sentido físico-natural, oculta profundas diferenciações e fraturas. A estreita faixa litorânea israelense no mar Vermelho é identificada como numa releitura dos "espaços luminosos" de Milton Santos — Eilat, ao anoitecer, é, de longe, a cidade mais iluminada. Logo depois vem o porto e zona franca de Aqaba, nosso destino.

A saída do *ferry* é um pouco menos confusa que a entrada feita em Nuweiba, no Egito, com nova checagem de vistos e carimbos e uma longa jornada, agora a pé, até a alfândega, por uma superfície asfáltica acidentada que acaba furando minha mala. Na alfândega, a lentidão e o teste da nossa paciência são a norma. Primeiro nos informam que a passagem é livre, tranquila. Depois nos param alegando a falta de um funcionário. Dez minutos depois, a fila já imensa, resolvem nos liberar. Aí é a máquina detectora de metais que teima em não funcionar ou, pelo menos, é o que dizem. Diante dela, dois funcionários em animada e divertida conversa, e alguns amigos dos sujeitos tentam passar direto, mas, diante da reação dos demais passageiros, veem-se compelidos a retornar.

Muitos minutos de im-paciência mais tarde e chegamos, enfim, à rua, onde nenhum prometido guia nos espera. Diante das informações desencontradas da multidão de (pretensos) guias e taxistas, resolvo retornar ao interior da alfândega, pois alguns nos disseram que os guias tinham permissão para receber os passageiros lá dentro. Qual nada! Volto com um dos agentes da polícia, sempre sorridente, que, numa atitude simpática, tenta ligar de seu próprio celular para o nosso hotel. Já ficamos imaginando quanto lhe daríamos de gorjeta, mas depois percebemos que o esquema meio propina, meio gorjeta que domina no Egito não tem a mesma propagação por aqui. Finalmente chega, apressado, nosso guia com o carro para nos levar até o hotel. Justifica que tinha o horário errado da chegada do *ferry*. Pelo visto ninguém por aqui sabe o horário do *ferryboat*...

Seguimos então para nosso novo "enclave", como passei a denominar o local de nossos hotéis, nome, descobri depois, utilizado pelo próprio *Rough Guide* da Jordânia. O hotel fica num conjunto de resorts a mais de 10 quilômetros ao sul da cidade, isolado de tudo, com imensos portais de controle e praia particular, manifestando um modelo global reproduzido em várias cidades do mundo e tido como estrategicamente seguro, especialmente nesta parte do Oriente Médio. Para compensar um pouco, os hotéis colocam à disposição *shuttles* (vans) grátis em alguns horários para que se possa visitar a cidade.

Aqaba, apesar de não ter muito mais do que cem mil habitantes, é uma cidade muito importante no contexto jordaniano, pelo menos economica-

mente, com o comércio incrementado com a recente criação de uma zona econômica especial e o porto, o único do país, o qual vem se ampliando. A condição portuária de crescente relevância fez com que, em 1965, o rei Hussein conseguisse estender o restrito litoral jordaniano em 12 quilômetros, barganhando com a cessão de seis mil quilômetros quadrados do deserto do país entregues à Arábia Saudita.

Um movimentado calçadão junto à praia, no mar Vermelho (poluída pela proximidade do porto), em pleno centro da cidade, é referência para quem quer acompanhar um pouco o cotidiano da população local. Famílias inteiras ou casais levam um tecido e sentam-se sobre a areia, acompanhados de lanche ou simplesmente de narguilé. Vendedores de chá e café passam toda hora ou ficam com as térmicas sobre o muro, mais ao alto, no calçadão. Belas tamareiras e algumas hortas, surpreendentemente, também aparecem num trecho junto à praia. O marco mais destacado, contudo, é um imenso mastro com uma bandeira gigante, de vinte por trinta metros, que denuncia o orgulho nacional jordaniano para os que, desde Israel, logo ao lado, ou o Egito, avistam a costa de Aqaba.

Por falar em orgulho nacional, o rei, Abdullah, é a referência maior, reverenciado por todos e presente até na parede acima da porta de entrada do nosso hotel. Embora o país tenha promovido algumas políticas de "abertura" (como o reconhecimento do pluripartidarismo), criticar o rei ainda é expressamente proibido. Abdullah subiu ao poder com a morte do pai, Hussein, em 1999, após 46 anos no poder, e é visto como um chefe de Estado com ideias modernizadoras e mentalidade aberta em relação ao conjunto do mundo árabe. Como seu pai, é considerado peça fundamental na rota pela paz no Oriente Médio. Liberdade de expressão, contudo, ainda tem um vasto caminho pela frente na Jordânia.

Assim, mesmo nessa encruzilhada de guerras e fanatismos, a Jordânia consegue manter-se, ainda que ditatorial e monarquicamente, sob relativa abertura e flexibilidade quando comparada a outros países do Oriente Médio. Em relação ao Egito, por exemplo, frente ao qual muitos jordanianos fazem questão de exibir certa superioridade, é verdade que há algumas diferenças importantes, visíveis no próprio espaço, como o ordenamento territorial urbano, o tráfego nas cidades e a pobreza, que aqui não é tão aviltante.

Aqaba, janeiro de 2010.

A LUA NA TERRA: WADI RUM

Há lugares no mundo que, mesmo depois de "descobertos" e literalmente invadidos pelo turismo globalizado, mantêm uma aura de mistério e fascínio. O chamado vale da Lua no Wadi Rum, deserto sul-jordaniano, é uma dessas paragens. Depois do Sinai, com a diferença de que ali um monastério milenar era o centro das atenções, Wadi Rum é o local mais impregnado de significação para a geografia pessoal desta minha viagem.

Entra-se na área protegida por um portal de concreto rústico, como uma barragem num vale avermelhado, num desfiladeiro mais amplo. Ou um graben, diriam os geomorfólogos, dado o caráter retilíneo das duas escarpas representando falhas geológicas — uma, mais clara, tomada pelos raios do sol da manhã, a outra; escurecida pela sombra e o vermelho que é sua coloração dominante.

Somos obrigados a deixar o carro e tomar um jipe tração 4x4, aberto, capaz de enfrentar a areia do deserto. Sentamo-nos nos bancos improvisados, e a velocidade proporcionada pela longa reta de asfalto rumo ao vilarejo beduíno de Rum, que é a verdadeira entrada do complexo geomorfológico, faz com que o vento frio seja implacável, mesmo às 9 horas da manhã. Até nosso guia, com o mesmo tipo de abrigo que o nosso, sem a menor cerimônia pede para sair e ir para a cabine com o motorista. O frio aumenta, gelando mãos e orelhas, e a solução é nos abaixarmos todos junto ao pneu estepe, esperando que o vilarejo chegue logo, pois a partir dali a travessia do deserto é em geral lenta, em solavancos sobre as areias finas do coração do Wadi Rum.

Wadi, em árabe (*wedi*, como muitos pronunciam, ou *oued*, na África de língua francesa), significa vale ou rio temporário no deserto. Em regiões de aridez extrema como esta, rios só correm em ocasiões muito especiais, pois as chuvas são extremamente raras, embora possam ser torrenciais. O impiedoso sol, quando paramos, faz com que subitamente a temperatura se altere. As escarpas junto ao vilarejo aumentam em altura e diversidade de cores. A oeste está o Jebel Rum, considerado por muito tempo o ponto culminante da Jordânia, com 1.754 metros de altitude. A beleza do lugar é soberba, e a sensação de estar numa paisagem extraterrestre, "lunática", não é exagero. A monumentalidade das duas barreiras montanhosas mais adiante se abre, sem que a areia do deserto se dissipe, mas, ao contrário, se amplie.

Na primeira reentrância da escarpa paramos para admirar a fonte de Lawrence e tomar um chá numa tenda beduína (que também, é claro, oferece produtos para vender). Os beduínos aqui já foram em sua maior parte sedentarizados, envolvidos pela atividade turística, e mesmo seus camelos parecem servir basicamente para transportar turistas. Mas dizem que uns quarenta mil ainda sobrevivem como nômades no país, especialmente nos desertos mais recuados do leste, rumo ao Iraque e à Arábia Saudita. Na verdade, como grupos muito antigos e diversificados, de organização clânica, esses "donos" do deserto deram origem à grande maioria do povo jordaniano-palestino. Como no Egito, aqui também eles são objeto de políticas de assentamento que, mesmo constituindo uma tentativa de conceder melhores condições sociais em termos de acesso a serviços como educação e saúde, podem compreender a apropriação e a privatização de terras tradicionalmente controladas por eles.

Quanto à fonte, e mais adiante a casa de Lawrence (da Arábia), parece tratar-se de outro mito, muito mais recente, somado aos tantos que esses rochedos e dunas ocultam. Personagem polêmico e indecifrável, Lawrence teria na verdade passado próximo daqui, ao longo da ferrovia que ligava Amã à Arábia Saudita (e cujo trecho Amã-Aqaba ainda sobrevive, mas apenas para o transporte de fosfato). O famoso filme, porém, foi em grande parte efetivamente rodado aqui, selando o Wadi Rum como a terra do controvertido Lawrence. Agora só me cabe rever o grande filme de David Lean, rememorando estas paisagens, e ler o há muito falado *Os sete pilares da sabedoria*, clássica autobiografia de Thomas Lawrence.

Jordânia, janeiro de 2010.

A AURA MISTERIOSA DE PETRA

O dia amanheceu com o sol e o azul perfeitos de sempre nesta viagem. Ontem, ao entardecer, adentramos Petra "por baixo", como se ela fosse formada por imensos túneis subterrâneos, profundamente esculpidos na rocha e, pela erosão (na verdade, a partir de uma imensa falha geológica), transformados em desfiladeiros ainda estreitos, mas de bizarras formas arredondadas. Trata-se do famoso *Siq*, que em árabe quer dizer fosso. Ao longo de toda a travessia do *Siq*, aparecem diversas esculturas sagradas, como se fossem pequenos altares que provavelmente os romanos transformaram depois em Via Sacra. Na base ou próximo a elas, há incríveis canalizações, proezas de engenharia hidráulica dos nabateus, construídas em plena época em que viveu Jesus Cristo.

De súbito, depois de mais de um quilômetro de caminhada, em meio ao rasgão do desfiladeiro de duzentos metros de altura, como uma imensa miragem aparece a silhueta fantástica do Tesouro (Al-Khazneh), com sua fachada helênica de seis colunas e 43 metros de altura esculpida na rocha. Ali, é como se um templo onírico tivesse se materializado no mais inusitado dos sítios. Mas na verdade se trata de um antigo túmulo de um grande rei nabateu, Aretas III. O nome provém de uma lenda de que um faraó teria enterrado ali um tesouro.

Se ontem entramos em Petra "por baixo" e "pela frente" (após o amplo guichê de venda de ingressos), hoje entramos "pelo alto" e "pelos fundos". Graças à nossa sábia guia espanhola (há trinta anos na Jordânia e casada com um jordaniano), invertemos o circuito e, de posse das entradas para dois dias, ingressamos literalmente pelos fundos, atravessando, no alto, o povoado formado pelos migrantes trabalhadores do local. Deixamos o carro junto ao portão que delimita a área protegida (ou mais ou menos protegida, como verificaríamos depois), descemos o longo caminho pelo vale árido praticamente junto com os trabalhadores, a maioria crianças e seus burricos que, por vezes, evocam um caminho bíblico no meio do deserto.

Nossa experiente guia Pilar, que a esta altura já se tornou uma amiga, vai conversando com todos, alguns deles seus "filhos", pois, como parteira, ajudou a dar à luz centenas de jordanianos, alguns hoje já adultos. Várias vezes ela reclama, perguntando aos pequenos por que não estão na escola (a *madrassa*, que, ao contrário do que se difunde, não significa obrigatoriamente escola religiosa). A maioria já tem uma resposta pronta, na ponta da língua, pois conhecem a insistência inglória de Pilar: "Estamos em férias"; "Hoje só tivemos a primeira aula"... Alguns, montados, descem o morro apostando corrida com os amigos; outros, a pé, carregam sacos com os souvenirs "artesanais" (*made in* China ou *in* Índia).

Os morros arenosos de coloração branco-amarelada aos poucos dão lugar às estruturas areníticas e calcárias em diversos tons de vermelho, onde aparecem as primeiras habitações e tumbas da velha Petra, cidade que chegou a abrigar mais de trinta mil habitantes. Ao chegarmos à área-limite de acesso de veículos (de serviço) deparamos com um restaurante bem equipado, sob responsabilidade de um dos principais hotéis de Wadi Musa, cidade de 15 mil habitantes junto a Petra, que vive quase que exclusivamente do turismo. Ali, próximo às ruínas do Qas Al-Bint, um dos principais templos nabateus de Petra e uma de suas poucas estruturas independentes, fora do complexo rochoso, ao lado de montanhas escavadas por múltiplas habitações da velha urbe, damos uma guinada para a direita, adentrando um vale mais estreito e rochoso.

Seguimos rumo ao Monastério (Al-Dheir), uma das atrações mais extraordinárias de Petra. Trata-se de uma longa e árdua subida que inclui mais de oitocentos degraus. Muitos visitantes, sem energia ou paciência para tamanha empreitada, desistem no meio do caminho ou então apelam para os pobres burricos e mulas que, bem treinados, sobem e descem os despenhadeiros com uma destreza impressionante. O chacoalhar da subida, entretanto, assusta, especialmente quando vemos os burricos carregando gordinhos que rivalizam com o próprio peso dos animais.

No caminho, vislumbramos logo no início cavernas (antigas habitações) que agora servem como garagem para carros de vendedores e privilegiados. Depois vemos outras ocupadas por famílias, vendedores mais humildes que apelam à inocência das crianças para promover seu comércio. Eles frequentemente fazem uma pequena fogueira onde aquecem a água para o chá, o que pode afetar a própria estrutura das cavernas antrópicas.

No meio do percurso, Pilar resolve nos levar a um local que aprecia muito, e que, segundo ela, não visita há um bom tempo: o local dos banhos nabateus, uma incrível sucessão de pequenas banheiras esculpidas na rocha, no alto de uma montanha de difícil acesso, que nos faz imaginar quão poucos banhos deveriam tomar naquela época... (na verdade havia, é claro, outros "banhos nabateus" na parte baixa da cidade). No local ainda hoje brota água, que cai em gotas suaves, mas constantes, desde o alto da fenda.

A subida é tão íngreme que o cansaço por vezes nos leva a pensar em desistir, mas a compensação final vale todo o esforço. Depois de muitos precipícios e gretas de cores e iluminação de matizes variados, no alto de um platô surge, de forma inesperada, o grande Monastério. Construído no século III antes de Cristo, apesar de um pouco menos trabalhado do que o Tesouro, tem dimensões ainda mais amplas: 45 metros de altura e 50 de largura. Foi moldado também para tumba de um rei, mas as cruzes no seu interior sugerem que na época bizantina o utilizaram como templo.

Imperdível também para um geógrafo é a vista que se tem um pouco mais adiante, uma composição única de formas e cores numa erosão que permite imaginar por instantes outro planeta. No horizonte, ao longe, divisam-se o vale do rio Jordão e os territórios palestinos na Cisjordânia. Outro panorama imperdível em Petra, e para onde Pilar também nos levou, é o que se vê do monte Al-Habis. Logo no início da subida, encontra-se o pequeno Museu Al-Habis, o menor do conjunto. Seguindo para o outro lado do morro, avista-se a confortável residência de um dos últimos moradores de Petra, Bdoul Mofleh, que, ao contrário de muitos outros habitantes reassentados, recusou-se a sair do local. A bela vista do Wadi Siyagh, logo abaixo, e a monumentalidade das montanhas que o circundam talvez expliquem um pouco a resistência de Bdoul.

Seguindo a trilha, com algum esforço se chega ao topo do monte, com uma vista espetacular do "centro" de Petra. Ali se localizam as ruínas quase imperceptíveis do forte Cruzado, construído por Balduíno I em 1116. Pilar, sempre muito falante, conta aos meus amigos suas impressões sobre a Síria, no plano de uma futura viagem [ninguém poderia imaginar a trágica guerra iniciada poucos anos depois], enquanto eu me distancio um pouco, fascinado pela beleza da paisagem divisada a partir dali. Tento viver solitariamente a intensidade daquele instante.

A brisa que começava a esfriar, os raios do sol do entardecer dando novas cores às montanhas, o contraste entre os vales sombreados e os montes--formigueiros de casas e tumbas, amplamente iluminados, tudo cobria Petra de uma aura misteriosa e, ao mesmo tempo, acolhedora. Impossível não me emocionar e relembrar tudo o que passei, praticamente às vésperas desta viagem, quando, prestes a cancelá-la, minha mãe se despediu definitivamente de mim e de meus irmãos, parecendo dizer: "Estou indo e tu também vais, pois viajarei ao teu lado." Ela que, amante das viagens, pouco saiu do seu lugar para agradar a meu pai, que praticamente a proibiu de viajar, sempre foi uma entusiasta de minhas andanças pelo mundo, viajando comigo por meio de cartas e fotografias.

De repente surge com clareza, pelas frestas das montanhas, o instante triste-sublime em que, segurando a mão de minha mãe, ao lado de seu leito, escutamos a paz do seu último suspiro. Ali, diante da grandeza daquele gesto de despedida, tranquilo, sereno, mesmo depois de uma semana inteira de respiração ofegante, não houve como não indagar se aquela vida continuaria. E de algum modo continua, sem dúvida, em momentos como este, em que, para muito além da dimensão física da nossa passagem pelos lugares, são eles que parecem chegar e permanecer em nós. São eles que nos fazem ultrapassar limites, desbravar novas dimensões, atravessar nossas mais íntimas fronteiras. Naquele momento, minha mãe esteve mais uma vez comigo. E o céu do deserto se fez ainda mais insondável, e as cores de Petra, mais indecifráveis. Minha mãe viajou comigo outra vez nesse dia.

Petra, janeiro de 2010.

EUROPA

IMPRESSÕES DA RÚSSIA
(quatro anos antes da queda da União Soviética)

São Petersburgo - Praça do Palácio

O oceano azul desenha as sombras das imensas nuvens equatoriais enquanto o avião se inclina rapidamente, ora para a direita, ora para a esquerda, como num bailado fugindo das tempestades e impelindo-nos com menos monotonia para o outro lado do Atlântico. Cabo Verde surge sob poucas nuvens, ilhas cinzentas, caprichosas, uma miragem na imensidão do mar, solidão que ecoa os versos de Cesária Évora. As inúmeras escalas da Aeroflot até chegar a Moscou: Salvador, Ilha do Sal (em Cabo Verde), Túnis e Lárnaca (em Chipre) só conseguem despertar alguma satisfação em um geógrafo como eu, com meus mapas (que as faxineiras cipriotas, por engano, acabaram levando). De olho grudado na janela, assisto lá embaixo ao espetáculo do imenso Saara, observando a bela costa tunisiana, a ilha de Malta e, o mais impressionante, as cidadezinhas brancas de Creta, que o avião atravessa de ponta a ponta, exatamente pelo meio. Sinto como se o mundo desfilasse por lá, enquanto fico brincando de Deus-cartógrafo deslizando sobre as nuvens aqui em cima.

Moscou se revela complexa já no aeroporto, filas sem ordem alguma, horas e horas para passar no controle de passaportes, na alfândega e pegar a bagagem. Estava indo para um congresso e haviam me garantido "transfer" na chegada. Ziguezagueio por mais de meia hora entre a imensa multidão imprensada à saída do aeroporto, mas ninguém me espera. Acabo tendo que enfrentar a primeira máfia, a dos taxistas de Sheremetievo, e pagar "módicos" cinquenta dólares até o centro da cidade.

Moscou na penumbra, mesmo na rua mais movimentada de pedestres, lembra um pouco uma cidade-fantasma. Fantasmas que se tornam meio reais ao acenderem-se as luzes dos imensos prédios governamentais, Ministério do Comércio Exterior à frente. Fantasmas, aliás, aparentam rondar a cidade. O túmulo de Lenin parece lacrado, e seu espectro deve espreitar por estas ruas estreitas que partem da famosa rua Arbat, perto da qual fica meu hotel. Carrões último tipo, importados, estacionam em plena calçada de pedestres (como no Rio), esnobando a opulência dos ultraminoritários "novos russos" (dados extraoficiais afirmam que, numa sociedade onde o salário mínimo é de vinte dólares, um por cento ganha mais de cinco mil dólares por mês). As ruas, entretanto, continuam coalhadas de caminhões, camionetes e carros brejnevianos (segundo um jornal, somente este ano [1995] são esperados mais 14 mil veículos particulares em Moscou). Ladas caindo aos pedaços e enguiçando com facilidade engarrafam com frequência o tráfego de uma cidade que parece estar reaprendendo a andar.

A noite vai se fechando, as luzes da rua não acendem e de repente sou tomado pelo medo que me impuseram (a mídia, especialmente) antes da chegada. Passa um casal a passos largos, e tento fazer o mesmo. De súbito, num parque diminuto, saídos não sei de onde, grupos de jovens conversam animados sob as árvores, em plena escuridão. Logo adiante, um neon: KAFE 5. Pelo menos os cafés e os jovens dão vida a esta Moscou meio decadente e desiludida pós-perestroika. Vida que se repete, muito mais sofrida, nos amontoados de vendedores ambulantes, cada qual com seu saquinho de algum produto aberto sobre a calçada. Dizem que um quinto da população de Moscou hoje é vendedor de rua.

De repente, chego outra vez à rua Arbat e tudo muda de figura, pois a essa altura se reúne nela uma verdadeira fauna de punks, metaleiros, "peruas" cafonas de salto alto e vestido longo, famílias com jeito de camponeses, assustadas com a diversidade da paisagem, músicos, dançarinos e atores amadores. Todos com seu pequeno público. Noutra esquina, uma espécie de gangue de "carecas" uniformizados entoa seu grito de guerra, seguido de uma canção estranha, todos abraçados e com a cabeça para baixo, formando um círculo fechado, impenetrável, num estranho ritual. A cada esquina um novo som.

Quiosques que vendem um pouco de tudo, especialmente bebidas alcoólicas, grande paixão dos russos, germinam por todo lado. Os "negócios", uma espécie de "levar vantagem em tudo" à brasileira, aparentam estar totalmente sem controle. Negocia-se qualquer coisa, legal ou ilegalmente, em todas as esquinas. Moscou parece ter virado um gigantesco caldeirão de milhões de pequenos-grandes negócios. O que mais se vê da área do hotel até o centro são bancos, propagandas de bancos (dizem que há centenas deles na cidade) e lojas/lojinhas de produtos estrangeiros, inacessíveis para a grande maioria da população.

Bem no meio da rua, quase 11 horas da noite, uma mulher com sua velha balança cobra uns poucos rublos para declarar os quilinhos a mais dos transeuntes. Sobre um pequeno carro, um vendedor de filmes ostenta no ombro uma águia, compondo uma cena completamente inesperada. Vou desviando dessa fauna surreal e dirigindo-me pela segunda vez, bastante a contragosto, ao McDonald's, como se a sedução desse universo múltiplo e seus sabores imprevisíveis não fosse suficiente para substituir a tranquilidade e a segurança insossas de um McFish com suco de laranja. Ainda bem que aqui também há com o que me surpreender: senta-se ao meu lado uma humilde família que degusta como se fosse pela primeira vez o cardápio universal do McDonald's. Pela simplicidade e entusiasmo, imagino quanto tempo economizaram para trazer os filhos até aqui. Com certeza não gastaram menos do que um salário mínimo nos sanduíches, refrigerantes e nas batatas fritas dos cinco componentes da família. Provavelmente vestidos com suas melhores roupas, usufruem o novo status proporcionado pelos fast-foods vindos do "Ocidente".

As mudanças em Moscou marcam não tanto pelo contraste da geografia (como na China), mas pela sensação de total assincronia entre as pessoas, o "hiperliberalismo" da economia e o espaço, a arquitetura e o urbanismo da cidade. Aqui, mais uma vez, o descompasso é gritante entre as formas e o conteúdo. Ainda bem que algumas poucas antigas vantagens continuam funcionando, como o velho metrô staliniano de estações imponentes que parece correr tanto e ser tão pontual quanto o de Londres.

Em São Petersburgo, o rio Neva desliza manso, mas pesado (como seu nome que, apesar de romântico, significa lama), em cores escuras que contrastam com o sol alto e surpreendentemente cálido às 6 da tarde deste 25 de agosto. As margens abandonadas são um retrato da Rússia contemporânea: um trecho junto ao cais está rachando e por pouco ainda não se precipitou nas águas do rio. Um caminho entre a grama alta e pequenos arbustos marca a paisagem de pedestres, junto ao muro. Logo depois aparece uma estrada de ferro abandonada, aqui e ali com velhos vagões enferrujados. Por fim vem a rua, que acaba num trecho interditado, com obras que parecem há muito paralisadas. Um alvoroçado grupo de meninos brinca com um carro da obra, tentando vencer um lodaçal que se formou entre duas velhas máquinas escavadeiras. Mais ao fundo, para completar o quadro, uma enorme fábrica entrega-se aos caprichos do tempo – um colosso staliniano vermelho escuro, chaminés negras, janelas despedaçadas.

Aqui, nesta margem inesperada do Neva, bem longe da harmonia do Palácio de Inverno do tsar (hoje Museu Hermitage), da praça do Palácio (Dvortsovaya Ploshchad) e da fortaleza de São Pedro e São Paulo (núcleo original da cidade, erguida em 1703), a velha São Petersburgo ostenta sua contraface degrada. Não há como controlar a ação impiedosa dos novos-velhos tempos. O único prédio restaurado, de pintura relativamente recente, não por acaso ostenta o nome vistoso de um banco, fruto dessa economia de transição em que provavelmente só não funcionam "no vermelho" o setor financeiro internacional e as florescentes redes ilegais. A propósito, o prefeito local sonha em transformar a cidade na futura capital financeira do país, embora Moscou ainda concentre cerca de oitenta por cento do capital financeiro russo.

Igreja da Ressurreição — São Petersburgo

Rússia, 1995.

ARQUIPÉLAGO DOS AÇORES

Angra do Heroísmo, 2 de março de 2012. Domingo de carnaval. Final de inverno no coração do Atlântico, duas horas e meia de avião de Lisboa. Céu, de cima para baixo, como um tapete branco de lã. Mas a previsão reservava alguns claros alternados com a nebulosidade típica do arquipélago. No avião, uma equipe inteira de futebol juvenil do Angrense Futebol Clube. O rapaz que se senta ao nosso lado, indagado sobre a presença de uma base aérea norte-americana na ilha, afirma que não há contestação, pois acaba ajudando os ilhéus. Descubro depois que ela forneceu aos açorianos uma compensação de oitenta bilhões de euros utilizada não apenas para modernizar a força aérea portuguesa, mas também para fortalecer a hoje muito boa infraestrutura das ilhas. Ele afirma que sua ilha, a Terceira (por ter sido a terceira a ser descoberta, na metade do século XV, depois de Santa Maria e São Miguel), é a mais bonita, mas os turistas "só vão a São Miguel" (a maior). Sabemos que não é bem assim, mas dá para perceber a rivalidade que marca a relação entre as ilhas. O taxista que nos leva a Angra, mais de vinte quilômetros ao sul do aeroporto (o que representa a travessia da ilha inteira de norte a sul), afirma que o turismo está em baixa diante da crise europeia, e que a outra fonte de renda da ilha é a agropecuária, principalmente a pecuária leiteira. Há bons queijos e vinhos por aqui. Ao meio-dia tomamos o bom vinho D'Lava, da ilha do Pico, e descobrimos que em Terceira também há vinhos na região de Biscoito, no litoral norte vulcânico da ilha (biscoito aqui é o nome dado às rochas vulcânicas que proliferam ao longo de certos trechos da costa).

Angra nos recebe com alguns raios de sol e muita luz emanada das construções brancas impecavelmente restauradas. O centro é Patrimônio da Humanidade, e não há como não pensar em partes de Ouro Preto ou Parati quando percorremos ruas e vielas. Também há muitas igrejas, algumas suntuosas. O povo é bastante religioso, o que se evidencia pela frequência do toque dos sinos. Mas é carnaval, e fui à rua principal assistir ao desfile — vários carros alegóricos pequenos e de decoração artesanal, rústica, mas muito divertidos, todos com sátiras político-sociais bem-humoradas e jovens fantasiados fazendo suas denúncias. A política de austeridade com cortes de salários de professores e aposentados, o culto ao individualismo (e ao corpo saudável), o papel manipulador da mídia, a "invasão" chinesa destruindo pequenas empresas... tudo é motivo para a crítica carnavalesca feita, sobretudo, por jovens estudantes. Crianças também se divertem e formam o principal grupo fantasiado, o único em se tratando de público, composto principalmente por famílias, entre casais e crianças. A grande arquibancada é a escadaria em frente à "Sé Catedral". Mistura de profano e religioso, sem intermediação. Findo o desfile, a limpeza se impõe, com máquinas que varrem e lavam ao mesmo tempo. Em dez minutos não se percebe mais que passou por ali um desfile.

Depois de terminado o pequeno e divertido carnaval (completado mais tarde com os "bailinhos" realizados em sociedades recreativas), resolvi subir o morro Brasil, uma espécie de promontório junto ao porto da cidade. Quarenta e cinco minutos de pesada subida, mas que valeram a pena. No caminho, observa-se a cratera do vulcão extinto, um descampado em meio à mata. Do alto se divisa quase todo o litoral sul da ilha, com Angra do Heroísmo à frente. Grandes canhões de artilharia antiaérea dão um toque militarizado ao local, mas sem ferir a paisagem e o verde que se impõe ao redor, alternado pelo azul desse Atlântico que se perde no horizonte, rumo às ilhas de São Jorge e Graciosa, e o branco de povoações de nomes sonoros como Cruz das Cinco Ribeiras, Ladeira do Funcho, Serretinha, Feteia e Pico de Urze.

Quando percebo a distância que estou do continente, tenho noção do que foi, nestas ilhas, a descoberta em 1427 e o posterior significado que tiveram, primeiro, como apoio na colonização, depois, como base nas comunicações Europa-América. Descubro assim que Santa Maria, a ilha mais meridional do arquipélago, foi intensamente frequentada entre os anos 1940 e 1950 como escala para os voos de longo curso que não tinham autonomia para viagens diretas da Europa aos Estados Unidos. Cansado, felizmente consigo carona para a descida do morro no jipe esportivo de um casal açoriano muito simpático. É a primeira vez que saem da ilha de São Miguel e vêm conhecer ilha Terceira. A grande distância entre a maioria das ilhas (reunidas em três blocos de nove ilhas principais, cinco delas compondo o bloco central onde se encontra a Ilha Terceira) é um entrave à mobilidade dos ilhéus, que para locomoção dependem basicamente do transporte aéreo. De um extremo a outro do arquipélago, percorre-se uma distância equivalente à que existe entre Rio e São Paulo.

Chegamos à ilha de São Miguel depois de um voo muito tranquilo, num dia ensolarado em que fomos brindados com as paisagens exuberantes da costa norte de ilha Terceira (a zona dos "biscoitos") e da costa sudoeste da ilha de São Miguel, com seus grandes promontórios e encostas vulcânicas erodidas, mas mesmo assim intensamente cultivadas. O avião sobrevoa a capital, Ponta Delgada, para descer sobre o porto e chegar ao aeroporto que fica colado à área urbana, na parte oeste da cidade. Para chegar ao hotel, tivemos a sorte de contatar um taxista camarada que propôs sem exorbitância de preço uma visita ao vulcão e lago de Sete Cidades ainda naquela tarde. Seria o nosso guia nos três dias de estada na ilha. Filho de uma família de nove irmãos, mesmo querendo estudar, perdeu o pai aos 11 anos de idade e não teve como continuar na escola. Trabalhou vários anos numa plantação de ananás, feita ali em estufas de vidro pintadas com cal e mantidas com fumaça para o maior aquecimento e padronização do cultivo. Trabalho duro, que ele agora não quer para seu casal de filhos; o mais velho, já pretendendo cursar uma universidade, morava com parentes que migraram para Boston, um dos grandes centros de migração açoriana na América do Norte, junto com a região metropolitana de Nova York e Toronto, no Canadá.

Essa migração do pós-Segunda Guerra é muito mais recente do que aquela ocorrida para o Brasil nos séculos XVII e XVIII. A tradição migratória dos açorianos surpreende, mas mais surpreendente é o fato de que, um dia antes desta viagem, recebi para ler uma tese sobre a presença açoriana e o marketing de sua identidade na ilha de Santa Catarina. Com certeza o resgate da identidade açoriana no sul do Brasil não tem muito a ver com a realidade açoriana contemporânea e provavelmente nem mesmo com aquela que construíram os primeiros açorianos no Brasil. Como toda identidade, trata-se de um processo de (re)criação que entrecruza traços locais (no caso, do país e da região receptores) com os que manifestavam em sua terra de origem à época da emigração. Não há dúvida de que nas últimas décadas o processo se inverteu: milhares de açorianos voltaram à sua terra, ciosos das melhorias que ocorreram no espaço que deixaram. A recente crise europeia, que também abalou a economia local (principalmente com a queda do turismo), certamente voltou a interferir nesses fluxos, mas ainda há europeus fora de Portugal que aproveitam os preços mais baixos para comprar casas na região.

Os Açores enviaram milhares de seus patrícios a outros cantos do mundo, ao sul do Brasil, a Bermudas (ilhas também do meio do Atlântico), aos Estados Unidos (há voos diários de Ponta Delgada para Boston) e ao Canadá (há quem visite parentes em Toronto sem nunca ter passado por Lisboa). Na visita a um belo mirante (que aqui é chamado miradouro) da costa leste de São Miguel, encontramos um casal de emigrantes que morava em Newark, na área metropolitana de Nova York. Eles afirmaram que lá só vivem entre açorianos, mas, mesmo sem parentes vivos nos Açores, fazem questão de visitar a ilha com frequência, considerada por eles, que já visitaram vários lugares (inclusive o Rio), "o lugar mais bonito do mundo". Visitamos o pequeno Museu da Emigração Açoriana em Ribeira Grande, a segunda cidade da ilha de São Miguel, com cerca de trinta mil habitantes, e ali descobrimos que os açorianos foram parar também no atual Uruguai, expulsos de Rio Grande, e que, no final do século XVIII, cinquenta e cinco por cento da população da capitania de São Pedro do Rio Grande do Sul era composta de açorianos. Povo migrante por força da desigualdade socioterritorial, de um poder concentrador e de uma geografia ímpar: ainda no século XVI, a ilha de São Miguel sofreu com vulcanismos e terremotos. Marcas permanecem em Ribeira Seca, onde um buraco no meio da rua mostra o nível alcançado pelas lavas que desceram do vulcão e sufocaram a comunidade.

Ilhéus dos Mosteiros

Povoação

Muitas ilhas podem ser vistas como pedaços de fundo de mar revoltados que, depois de muito esforço, conseguiram galgar a superfície. Os Açores são assim. Revoltam-se ainda com o mar. E este parece querer recuperá-los com bravas ondas quebrando nas falésias por todos os lados, erodindo ainda com mais força a costa norte-nordeste, no caso de São Miguel. Na Terceira, chamam de "biscoitos" as infindáveis agulhas onde quebram ondas imensas e que, com tantas barreiras, acabam soçobrando em piscinas mais tranquilas acessíveis por passarelas feitas pelo homem. Em São Miguel, os ilhéus dos Mosteiros imitam casas e minaretes como que desafiando o gigantismo do Atlântico. Parece que, incandescentes, despencaram do alto do vulcão de Sete Cidades e ali resolveram ficar, "de molho", cristalizados no oceano.

Para habitantes de "terras apaziguadas" pela geologia, como nós no Brasil, terras agitadas por vulcões e fumarolas impressionam mais ainda. Mesmo assim, a visita que menos nos atraiu nesta viagem foi a ida às famosas Furnas de São Miguel, um conjunto de olhos-d'água fumegantes com um forte cheiro de enxofre e pequenos buracos onde, depois de várias horas, se produz um cozido com muitos legumes, batata, chouriço, carne de porco e vários temperos. Não chegamos a prová-lo, mas o cheiro forte pelas ruas, próximo às chamadas furnas, era repugnante. Tomamos um pouco da água mineral que brota numa encosta e descobrimos que uma delas já nasce gaseificada e é ótima para problemas renais.

Eu e o amigo geógrafo João Rua, parceiro português nesta jornada, ainda teríamos outros tantos aprendizados pela ilha de São Miguel e sua inusitada geografia. Talvez a composição com algumas imagens do patrimônio histórico e de uma, digamos, harmoniosa composição sociedade-natureza, mesclando São Miguel e Ilha Terceira, seja a melhor forma de encerrar este relato.

Angra do Heroísmo-Ponta Delgada, fevereiro de 2012.

NA HAMBURGO SEM CATRACAS, VIGILANTES SOMOS NÓS

Não imaginava encontrar tamanho cosmopolitismo e diversidade em Hamburgo, especialmente depois de alguns dias num evento no interior conservador da pequena, bela e asséptica Bayreuth, no interior francônio da Baviera (reveladora de uma Alemanha muito mais fragmentada do que aparenta). Hamburgo se mostrou logo uma metrópole cuja configuração e "alma" me lembraram uma Londres em tamanho menor: vizinha a um estuário (mas na direção contrária), um grande porto de antigo polo industrial, com sua área remodelada na zona dos antigos armazéns portuários, uma arquitetura diversificada (como Londres, em grande parte arrasada pelos bombardeios da Segunda Guerra) e uma rica variedade de povos imigrantes semeando diferentes hábitos, línguas, culinárias. Até os Beatles, quando ainda uma banda desconhecida, debutaram aqui.

Refugiados de Lampedusa acolhidos por uma igreja que exibe na entrada a faixa "Embaixada da esperança", turcos que se manifestam em frente à universidade pela manutenção do ensino de turco nas escolas, gregos que ousam sair à rua em carreata, à meia-noite, buzinando e desfraldando bandeiras em comemoração a uma vitória da Grécia na Copa. Ruas e esquinas do mundo parecem se cruzar em Hamburgo, algumas mais visíveis, outras mais ocultas, mas sempre dando um clima mais acolhedor a uma cidade que de outro modo se revela fria, nublada e, apesar dos seus poucos 650 milímetros de chuva anuais, com muito vento e umidade distribuídos democraticamente ao longo do ano.

Fez 8°C no dia seguinte à minha chegada, quatro dias depois do início do verão, e tive de me abrigar junto à fogueira num acampamento de "caravaneiros" onde fui assistir à projeção a céu aberto de um documentário feito por um geógrafo alemão sobre as ocupações e remoções no Brasil. Mas o frio do verão norte-alemão não assusta muita gente. Ajudam a suportá-lo a comida cotidiana pesada (como batatas fritas carregadas de óleo e carne de porco de todas as formas) e a bebida em abundância (os copos gigantes não são um privilégio das cervejas e se repetem até mesmo nos sucos e nas tradicionais misturas de suco com água mineral).

Bares cheios durante os jogos da Copa revelam a paixão alemã pelo futebol, e as muitas bandeiras nas janelas manifestam um nacionalismo que vários estudantes da universidade condenam. O espírito de resistência de Hamburgo se apresenta especialmente no bairro alternativo de Sankt Pauli, ainda que o processo de "gentrificação" ou requalificação urbana comece também a alcançar a área. Um percurso com professores e estudantes universitários revela outro lado do bairro, conhecido como área de lazer e prostituição, mostrando a convivência de diversos grupos políticos e culturais. Além do famoso projeto cultural e prédio ocupado do Rota Flora (cujos ativistas deixam marcas nas vitrines quebradas das lojas que não os apoiam), visitei um prédio de república estudantil com várias alusões às ocupações e à resistência à repressão policial (que, obviamente, mesmo sem gás lacrimogênio ou de pimenta, não é uma prerrogativa "periférica" ou brasileira). Aqui a rota das manifestações, mesmo com autorização prévia para sua execução, pode em pouco tempo se converter em zona proibida, sendo comum a polícia interditar áreas a partir de histórias sobre pretensos atos de violência ali cometidos.

Cidades alemãs como Hamburgo, embora obviamente muito mais seguras que as grandes cidades brasileiras, também possuem espaços e tempos de interdição à livre e tranquila circulação. Tem-se a impressão de que, além da presença permanente de câmeras em espaços públicos, a população é constantemente educada para a ampla vigilância. Uma ocorrência em particular me surpreendeu: em visita com professores e alunos de Geografia a um conjunto habitacional de um bairro mais popular, no nordeste da cidade, eu estava fazendo algumas fotos da área, inclusive de uma escola, quando uma professora me alcançou às pressas, gritando algo em alemão que, obviamente, não entendi, mas percebi seu temor. Chamando os colegas, descobri que ela me pedia reiteradamente que apagasse qualquer foto da escola em que aparecessem crianças, pela "sua segurança", pois criança não podia ser fotografada. Mostrei-lhe a foto tirada provando que não aparecia nenhuma criança. Uma verdadeira obsessão por segurança se manifestava ali.

Hamburgo pareceu-me às vezes imersa num paradoxo entre a vontade ampla de liberdade e a obsessão pelo controle, como se esses dois extremos pudessem de algum modo ser aliados. Assim, a mobilidade urbana é aparentemente dominada pelo transporte "ecologicamente correto" das bicicletas, que muitas vezes querem se sobrepor à própria mobilidade dos pedestres, tamanha a extensão das ciclovias e a velocidade dos ciclistas. Mas, ao mesmo tempo, a cidade tem um alto índice de carros por habitante, e o trânsito também incorpora elevado nível de estresse. As entradas nos trens urbanos e no metrô são sem catracas, não parece haver nenhum controle, mas todos, segundo me informaram, obedecem estritamente à compra de bilhetes, até porque, se um esporádico fiscal aparecer, a multa pode ser de mais de sessenta euros. De qualquer forma, é válido dizer que aqui se realiza o princípio panóptico do cada um incorporando de tal forma o princípio da vigilância que se torna seu próprio vigia. Há uma espécie de liberdade sob controle: libera-se, contanto que cada um reconheça no seu espaço. Assim como nas vias liberadas antecipadamente para protestos, prostitutas devem respeitar rigidamente o lado da rua e o ponto exato da calçada até onde sua atuação é permitida. Há até mesmo um quarteirão que, ao contrário de Amsterdã, com a publicidade de suas prostitutas de vitrine em plena rua, em Hamburgo se torna oculto por um muro e é interditado a mulheres e menores de 18 anos.

Hamburgo é também o vaivém de seu imenso porto, "porta para o mundo", de onde partiram tantos imigrantes e de onde parte ainda hoje importante fração produtiva da grande potência comercial alemã e de países interiores sem portos, como a República Tcheca, que aqui dispõe da "extraterritorialidade" de um cais próprio para suas exportações. Um percurso de duas horas por alguns dos inúmeros canais do porto revela um mundo único onde a vida (e a tecnologia) tem sua própria escala e seu próprio dinamismo. No final, a visão surreal do prédio da filarmônica da cidade, qual um veleiro pós-moderno sobre o Elba, mostra que em pleno coração econômico da Alemanha atraso e corrupção também podem deixar sua marca: prevista para vários anos atrás, agora se estima que a construção só será finalizada em 2017 [a obra foi inaugurada em janeiro de 2017 com atraso de seis anos e a um custo dez vezes maior do que o original]. A silhueta das igrejas medievais, a maioria reconstruída após a devastação dos bombardeios da Segunda Guerra, ainda marca o horizonte do centro da cidade. Arranha-céus quase não existem. A torre de telecomunicações, construção mais elevada, está abandonada e discute-se seu destino; ela representa uma Alemanha da metade do século XX, em que as cidades pareciam competir para ver quem faria a torre mais alta. Prédios monumentais manifestam uma arquitetura tipicamente hamburguesa, com tijolos vermelhos artisticamente trabalhados, e se transformam numa marca em meio à diversidade de feições arquitetônicas que, depois da guerra, caracterizam a reconstrução eclética da cidade.

Portanto, diversidade é um traço fundamental de Hamburgo. Visitar o museu de imigração, "maior albergue do mundo" no final do século XIX, em meio à área portuária, de onde partiram tantos alemães e europeus do Leste para a América, é lembrar também o caráter aberto-fechado que se alterna ao longo da ampla história da cidade. Emocionado, conheci as precárias condições com que famílias de migrantes passaram por ali, incluindo meu tataravô, que, como pastor protestante, saiu de Hamburgo em 1824 para iniciar um(a) Novo Hamburgo, em meio à inóspita floresta subtropical do Rio Grande do Sul. No fundo, somos todos migrantes ou, pelo menos, passantes.

Hamburgo por alguns dias é a minha vida, é também meu passado e, quiçá, nessa obsessão por segurança, também o nosso futuro, e, assim, tudo se transforma em passagem. Só não podemos nos esquecer de aprender com ela, pois cada passagem implica também uma estada, e, de caminho em caminho, de parada em parada, aprendemos que a vida "sem catracas" não é, obrigatoriamente, sinônimo de liberdade. Outras "catracas", invisíveis e, assim, mais difíceis de serem distinguidas, também podem constranger caminhos. Hamburgo, entre a abertura de sua diversidade e o fechamento de seus controles, nos ensina a adotar uma postura mais vigilante com o excesso de vigilância. Mas também nos mostra que muitas são as modalidades possíveis de resistência. Como na vida e na luta cooperada que fez de um trecho da frente portuária muito mais do que uma nova fronteira "gentrificada" do capital, um espaço de exercício de comunhão com aqueles que, vindos de tão longe, como os refugiados africanos de Lampedusa, encontram ali abrigo e solidariedade.

Hamburgo, 2013.

Filarmônica

Sankt Pauli

Rota Flora

DES-CAMINHOS DE LONDRES

Chegar a Londres vindo de Salamanca, na Espanha, foi um dilema. A Iberia vende uma passagem conjugada ônibus-avião, mas saber de onde sai o ônibus em Salamanca não é tão fácil, pois a informação dada pela Internet se refere a uma praça no centro da cidade onde só há ruas de pedestre. Depois de muitos minutos ao telefone, o atendente consegue descobrir que os ônibus especiais saem do Terminal de Autobus e me comunica o endereço. A viagem até Madrid é tranquila, percorrendo as peneplanícies intensamente cultivadas de Salamanca e Ávila, cruzando depois por um túnel de mais de três quilômetros a serra de Guadarrama, quase duas horas em autoestradas muito bem sinalizadas e conservadas. O aeroporto de Barajas é um labirinto, um denso e intrincado conjunto de esteiras, elevadores e trem que exige muito mais tempo do que o normal para se chegar ao portão de embarque, além da sinalização confusa que pode nos levar pro lado errado. O tempo de uma hora e vinte de que eu dispunha pareceu pouco. Mas o cansaço da corrida para encontrar o portão não foi nada perto do suadoura dentro do avião da British Airways (operando pela Iberia).

O susto de o avião estar fechando a porta no momento em que lembrei que tinha esquecido minha jaqueta de couro (meu único abrigo para o frio do verão londrino) no banco da sala de espera também não foi nada perto das horas de sufoco dentro do avião parado, com problemas no ar-condicionado e 40°C do lado de fora. No total foram quatro horas de atraso, colocando ladeira abaixo a pontualidade e a eficiência britânicas. Surpreendentemente, valeu o bom humor do piloto e de um dos comissários, que não sabiam o que fazer para entreter os passageiros, mesmo os mais irritados.

O atendimento foi muito ruim, até água faltou dentro do avião. O problema ia e vinha; anunciaram a saída três vezes. Ao final, muitos se rebelaram e deixaram o avião, recusando-se a voar. Tal comportamento não me adiantaria em nada, pois não ofereciam hotel em Madrid. O ar-condicionado do *finger* levou a maioria a acampar logo depois da porta de entrada, numa cena inusitada. Quando foi dado o último anúncio para aqueles que quisessem desistir deixarem o avião, pois era preciso restituir as bagagens, fui conversar com o comandante sobre o mais provável horário de saída e se a British pagaria o táxi, porque muito provavelmente teria se encerrado o horário do metrô (e um táxi de Heathrow ao centro de Londres é muito caro). Ele não confirmou nem o horário nem o táxi, respondendo apenas com um "provavelmente". Mas o avião acabou saindo às 23 horas (o horário normal seria às 18h20), depois de resolverem o problema pela metade, pois o calor durante o taxiamento beirou o insuportável. O comandante fez questão de enfatizar: "Se este avião não fosse seguro, não viajaríamos." Quem mais sofreu foi o bebê de um casal de chineses que estava à minha frente, o qual, para completar o quadro, perderia sua conexão para Hong Kong.

Chegando a Londres, ainda enfrentei a tensão do passaporte, não pela fila homérica, o que é perfeitamente normal em Heathrow, mas pelo fato de que meu passaporte não tinha os seis meses de validade requeridos pela legislação inglesa. Eu já sabia, mas primeiro simplesmente ignorei que o Reino Unido não faz parte do espaço Schengen de livre circulação, e, como o passaporte vencia em 1° de janeiro de 2016 e eu estaria entrando na União Europeia pela Espanha em 30 de junho, imaginei que não haveria problema. Em segundo lugar porque, ao perceber o problema e tentar em maio um novo passaporte, só consegui o agendamento para agosto. A solução foi me munir de todos os documentos extras possíveis: os dados do agendamento pela Internet, meus convites para palestra nos eventos a que compareci antes na Espanha e em Portugal e, "jeitinho brasileiro" de última hora, a carteirinha da Biblioteca Britânica com prazo de validade até março de 2016. Quando a supervisora do controle de passaportes me fez a segunda pergunta (a primeira foi o aeroporto de origem) sobre o que vinha fazer na Inglaterra, apresentei logo a carteirinha e respondi: "Estou aqui para pesquisar na British Library" (o que, em parte, era verdade). Ela, sem nenhuma outra questão, nem olhou o prazo de validade, carimbou meu passaporte e passou adiante.

Final de tensão merecido, mas havia ainda o transporte até o centro de Londres. Depois de pegar minha mala de já 25 quilos (com muitos livros de Portugal e da Espanha) e seguir para o balcão da British a fim de obter informação sobre o transporte, avisaram-me que teria "dez minutos" para alcançar o último *tube*, o metrô londrino. Mais uma corrida e um novo suadouro até o guichê do metrô, o atendente apagando a luz e avisando: "O último acaba de sair, mas, correndo um pouco, ainda é possível pegar o último trem expresso em outra estação." Outra correria. Depois de algumas escadas rolantes e um engano de direção, consegui chegar à plataforma do trem, onde ainda havia algumas pessoas e uma indicação no painel: o próximo trem só vai até o terminal três (Heathrow tem cinco terminais). Então percebi que, além de provavelmente não chegar ao centro de Londres, não havia comprado o ticket do trem. Porém, consultando outros passageiros, consegui finalmente relaxar: o próximo trem, o último da noite, permitia integração com o também último que sairia para Paddington, no centro de Londres, na estação seguinte. Quanto ao ticket, ele poderia ser comprado no próprio trem.

Ao entrar no trem, descansei como nunca — de repente, a noite de Londres nunca havia me parecido tão calma. Nem o falatório do russo que se sentou no banco à minha frente, ligado toda a viagem no celular, conseguiu me irritar. Volta e meia um anúncio dizia: "Apresente o ticket ao controlador; a não apresentação é passível de multa". Qual nada! Àquela hora da madrugada, não passou ninguém, nem para controle, nem para a tal venda de passagem. Desci em Paddington, fiquei alguns minutos na fila do táxi e só então me dei conta de que minha reserva de hotel poderia ter sido cancelada, pois pediam para avisar o horário de chegada, e eu havia comunicado "entre 8 e 10 horas da noite" (do dia anterior). Só faltava essa. Mas felizmente meu lugar estava reservado: College Hall, Universidade de Londres, uma espécie de casa do estudante que, durante as férias de verão, julho-agosto, se transforma em hotel. Um local muito barato para os padrões londrinos (apenas sessenta libras a diária) e numa das melhores localizações da cidade, onde tudo pode ser feito a pé, perto do Museu Britânico e não muito longe da minha biblioteca.

O dia amanheceu e acordei metade refeito. A fome era de doer, pois passara a agitação do dia anterior à base de sanduíche. Para minha satisfação, o *breakfast* da "casa do estudante" é surpreendente: nunca vi nada igual num café da manhã inglês, desde comida quente e salada (com as tradicionais salsichas e ovos mexidos) servida por atendentes solícitos, até iogurte, frutas, cereais, vários tipos de pães, croissant, etc. Devidamente abastecido, após responder a alguns e-mails, fui à rua rever esta Londres que considero também a minha casa, depois de morar aqui por quase um ano, uma multiterritorialidade que se pode desenhar quando o apego aos lugares não é abalado pela frequência, mesmo esporádica, com que os vivenciamos. Ao voltar, mesmo depois de anos, trata-se de alguma forma do retorno a uma espécie de segundo lar, mas sem muita cobrança de "não gostei disso", "desapareceu aquilo".

É preciso também algum desprendimento para conviver e, de algum modo, apreciar o aparentemente estranho que às vezes bate à porta de casa. Londres é um pouco assim, um desafio constante que afeta nossa capacidade de produzir um lar, ou melhor, que nos provoca a construir e admirar um lar, mesmo na ebulição de suas mudanças. Talvez do mesmo modo como constituí "família" num sentido ampliado, aprofundando o convívio com tantos outros para muito além dos laços de consanguinidade, Londres nos convoca a fazer dela uma "casa" que não só receba e "aclimate" (e acaso alguém se aclimata ao clima de Londres?), mas que hospede e deixe passar, dando a liberdade, a quem queira, de seguir adiante.

Talvez eu esteja romantizando um pouco, mas, depois do sufoco de ontem, acho que mereço relaxar para olhar outra vez com olhos de morador esta cidade: Waterstones, minha livraria preferida (depois que a Blackwell's do Soho virou McDonald's), fica logo aqui na esquina; a Foyles, antes atulhada, quase insuportável, se renovou: continua gigante, mas muito mais clara e organizada. Meu restaurante predileto do Soho, o Stockpot, continua no mesmo lugar e, incrível, o cardápio espartano permanece praticamente o mesmo. Só os preços, é claro, mudaram, quase triplicaram desde que morei aqui, há 12 anos [um ano depois, em 2016, infelizmente, fiquei sabendo que o Stockpot fechou]. O Soho segue agitado, e o Picadilly, mais capitalista do que nunca, hipnotiza a moçada que, da estátua em frente, tira selfies sem parar. Por falar em selfie, encontro até um adolescente de cabelo empinado que, sem a menor cerimônia, anda pela calçada pedindo a cada garota atraente (ou diferente) que tire uma foto com ele. Algumas, elegantes, recusam, mas muitas, provavelmente turistas, em especial orientais, aceitam com um largo sorriso.

Depois de percorrer um trecho da Chinatown seguindo por dois quarteirões esse inglês "colecionador de selfies", resolvo observar os cozinheiros dos restaurantes chineses, todos na janela da frente, emoldurados por patos laqueados pendurados na vitrine. Logo mais adiante, uma loja exibe "O inferno é aqui", uma coleção de caveiras com capacetes de soldado ou chapéus de camponesa de diversas cores, materiais e tamanhos. Penso que Londres é a plenitude do céu e do inferno que o mundo contemporâneo conseguiu enquadrar num só lugar. Obras por todo lado parecem ignorar a crise. Ou então fazem parte dela, pois Londres não precisa de coerência — ela se deixa levar por todo tipo de contradição e ambiguidade. Londres, no fundo, é a vida que, às vezes, pensávamos que não era a nossa. Talvez por isso fascine tanto. Londres, na próxima esquina, pode ser o limiar de outra vida que já tivemos ou que, por temor, ainda não nos arriscamos a ter.

IMPRESSÕES DO SUDOESTE INGLÊS

Foi muito bem recebido o convite de meu amigo inglês propondo que dividíssemos o aluguel de um carro para uma viagem pelo sudoeste da Inglaterra durante o final de semana. Afinal, era a primeira vez que eu viajava pelo interior inglês desde que havia chegado a Londres, seis meses atrás. Como não sei dirigir, há muito tempo não sentia o privilégio e a liberdade de viajar de carro, parando onde quisesse e escolhendo a estrada que bem entendesse. Para um geógrafo, isso tem um significado muito especial. Quando percebi que meu amigo tinha mapas detalhados, na escala 1:50.000, de quase toda a região que iríamos atravessar, utilizados em seus longos percursos de bicicleta, ficou claro que não se tratava simplesmente de uma viagem "a Stonehenge, Salisbury e Bath", como eu havia proposto, seguindo o que geralmente fazem os tradicionais roteiros turísticos envolvendo o sudoeste da Inglaterra.

Saímos bem cedo no sábado, seguindo direto para Stonehenge. Quase havíamos desistido da viagem diante da previsão do tempo desanimadora, mas, como na Inglaterra chuva, de qualquer forma, é sempre uma previsão lógica, resolvemos arriscar. Teríamos dois dias de pancadas fortes, garoa, vento, sol, nuvens... enfim, tudo o que faz o tempo de um típico dia britânico. Nossa sorte foi logo percebermos que a chuva vinha quase sempre quando entrávamos no carro. São Pedro ficou do nosso lado. As estradas inglesas em geral são muito boas, mesmo as vicinais mais retiradas. O único problema é a falta de acostamento, pois, com exceção das grandes rodovias que cruzam o país de ponta a ponta, não há *hard shoulders* em canto algum.

A impressão é a de que o espaço tem de ser aproveitado ao máximo; nada pode ser desperdiçado. Nas menores estradas do interior, é comum só haver espaço para a passagem de um carro, espremido entre sebes muito verdes que são as únicas cercas percebidas na zona rural. A imagem é bonita, principalmente quando as sebes são antecedidas por flores silvestres, que, no mês de maio, costumam aparecer por todos os lugares. Para um brasileiro, é interessante notar que quase não existem cercas, nem mesmo de pedra, como ocorre em outros países europeus, como na vizinha Irlanda. Apenas numa pequena região do norte de Dorset, próxima às Gargantas de Cheddar, encontramos algumas cercas de pedra, certamente pela abundância de rochas e pela pobreza do terreno.

Uma antiga tradição inglesa de legar a propriedade da terra apenas ao filho mais velho, até hoje mantida por muitas famílias, impediu uma divisão mais acentuada da terra. Fica clara no interior do condado de Dorset, que acabamos percorrendo de ponta a ponta, a presença de médias e pequenas propriedades, com uma densidade surpreendente de pequenos povoados ou *villages* onde reside a maior parte dos proprietários. Cada um desses povoados faz questão de mostrar uma feição própria, mesmo em meio à padronização de grande parte dos hábitos de seus habitantes, visivelmente globalizados. Essa "reinvenção" da diferença é quase sempre um produto do turismo, que aqui parece vicejar em cada vale, em cada vila e quase em cada casa, tamanha a quantidade de B&B (*bed and breakfast*) que se encontra pelo caminho.

Cada um pretende mostrar sua diferença como "vantagem comparativa" no mercado dos potenciais visitantes. E quando não há diferença decorrente de uma longa história (cuja reconstituição vira uma verdadeira obsessão), de um autor famoso que passou por ali (ainda que seja apenas por alguns dias) ou das benesses da paisagem, ela é criada do nada. Parques, jardins, atrações infantis, é possível fabricar tudo, até jardins subtropicais. A confusão entre o "original" e a "imitação" chega a tal ponto que acabamos apreciando mais o "falso" do que o "verdadeiro", e essa distinção já não faz mais muita diferença...

Paramos num pub de beira de estrada, num pequeno vilarejo de um caminho secundário. No Brasil seria um "boteco", mas aqui o termo talvez fosse um desaforo, tamanho o cuidado dos ingleses com a aparência do local. Os frequentadores são mais velhos, bebem tanto ou mais que os brasileiros, mas o papo é outro. Todos têm jeito de aposentados, muitos vieram de cidades maiores para o interior depois da aposentadoria, e "interior" aqui não é afastado, pois fica sempre a meia hora de alguma cidade importante. Conversam sobre a viagem que fizeram recentemente ao Marrocos ou à Turquia.

Meu amigo comenta que é cada vez mais difícil encontrar o verdadeiro *countryside* inglês. A maioria das pessoas veio de fora e nada tem a ver com as atividades tradicionais das fazendas ou *cottages*, e, quando parecem ter, é porque refabricaram o campo. Ainda assim, passamos por localidades mais recuadas onde se percebe claramente a remanescência do tal "verdadeiro" campo inglês que, desse jeito, vai ficando cada vez menos inglês em relação à "verdadeira" Inglaterra atual onde vivemos, relictos de um tempo que já se extinguiu.

Por falar em tempo, refabricada ou efetivamente preservada, a história é uma marca das paisagens do meio-sudoeste inglês. Para um brasileiro do Sul, como eu, com nunca mais do que duzentos e poucos anos de história pra mostrar, esta sedimentação de tempos que o espaço condensa é de fato surpreendente. A "acumulação desigual de tempos" a que Milton Santos aludia apresenta nesse lugar uma de suas mais complexas manifestações, indo desde os vários milhares de anos, provavelmente cinco mil, da incógnita pré-história de Stonehenge, aos quase dois mil anos da herança romana dos banhos de Bath e no traçado de algumas estradas que cruzamos, passando pelos mais de mil anos da monarquia inglesa.

Em alguns pontos, por mais que se tente, não se consegue definir em que momento da história nos encontramos. Até Stonehenge está carregada de dúvidas sobre a finalidade no seu tempo. O gigante de Cerne, por exemplo, um homem com um órgão sexual imenso (devidamente ocultado pela grama até a era vitoriana), uma das muitas figuras misteriosas desenhadas nas encostas do interior da Inglaterra, ninguém sabe se tem "de mais de mil a algumas centenas de anos".

Cada um quer recontar sua história, remontar às "origens", especialmente num tempo de tanta instabilidade e volatilidade de referências como o nosso. Lembro-me de meu primo, na zona rural do Rio Grande do Sul, fundando um museu "da família" e tentando resgatar toda a história que os envolvia. No próximo mês, outubro, estará comemorando com grande festa os cem anos da chegada de meu bisavô às terras onde meu primo vive hoje com meus tios. O *countryside* inglês, percebo, começa a ficar mais perto de nós.

Nesse reviver do tempo, noto que meu amigo inglês também vai ajustando o roteiro à sua história particular. Muitos de seus familiares viveram ou morreram nestas terras. Em Winterborne Cleston, um lugarejo de meia dúzia de habitantes entre Shaftsbury e Cerne Abas, ele descobriu o túmulo de seu avô, que se suicidou em 1940, deprimido por causa da guerra e da perda do emprego na propriedade de um grande empresário em Liverpool. Muitos, naquele tempo, deixaram as grandes cidades para se refugiar em lugarejos do interior, tal como fazem hoje, por motivos distintos, idosos e aposentados.

Em Martinstown, outra vila minúscula a sudoeste de Dorchester, a capital do condado, visitamos o túmulo do bisavô de meu amigo, escondido numa parte do cemitério tomada pelo mato. Um detalhe é interessante: os cemitérios anglicanos, tradicionalmente colocados ao lado das igrejas, não costumam ter túmulos, somente cruzes, muitas vezes imponentes. A imagem é a de um campo ou jardim cheio de cruzes, meio como um parque pelo qual podemos transitar. "Turismo macabro", afirma meu amigo. Comento que curto muito, pois é um privilégio viajar com alguém que, além de ser da própria região, tem toda uma história impregnada nesta geografia que vou desvendando, assim, de forma muito distinta de uma visão típica de turista.

No cemitério em Wintermore, o padre nos viu e veio abrir a igreja para que fizéssemos uma visita. O papo foi muito agradável, e ele comentou sobre os fiéis da localidade, dizendo que costuma fazer os cultos de modo tradicional, pois a população, em geral mais idosa e conservadora, não aprecia mudanças. Tenho acompanhado no meu dia a dia esse caráter conservador de uma expressiva parcela dos ingleses, com meu amigo, por exemplo, defendendo abertamente o ex-governo de Margaret Thatcher.

É curioso que depois desse fim de semana tão denso tenha ficado para mim não exatamente a fantástica catedral de Salisbury, a emoção de Stonehenge ou a suntuosidade aristocrática de Bath, a Florença britânica, mas o convívio com o campo, os vilarejos, os caminhos e a beleza simples do interior inglês. *Towns*, *villages* e pequenos povoados marcam por todo canto a paisagem. Alguns se prendem à memória pela beleza de suas construções e pela densa história que congregam, como Shafetsbury, Abbotsbury e Milton Abas.

Acabamos na última hora decidindo não pernoitar em Dorchester e ir em direção à costa, seguindo pelo espigão que antecede a faixa litorânea, e que de tempos em tempos se transforma em belos *cliffs* (penhascos) desabando sobre o Canal da Mancha (que os ingleses chamam de "English Channel"), aqui já um verdadeiro mar, tamanha a distância da costa francesa. Acabamos entrando no pequeno porto de Bridport e seguindo depois até Lyme Regis, simpática cidadezinha costeira onde pernoitamos.

Uma boa dose de imprevisibilidade (e flexibilidade) marcou prazerosamente nossa viagem. Muitas vezes decidíamos qual estrada tomar simplesmente olhando no mapa ao chegar a um cruzamento. E não foram poucas as ocasiões em que entrávamos numa estradinha sem muita certeza de onde ia dar, apenas deixando o carro correr... No final fiquei me perguntando como um inglês tão previsível e planejado se sujeitou a tudo isso. Pensando um pouco melhor, percebi o quanto meu amigo "confiava" nesse espaço, dominando-o quase por completo, atravessando-o reiteradamente em muitos de seus circuitos ciclísticos. Uma situação bastante diferente do interior da maior parte do Brasil, pois, além de ser um espaço já esquadrinhado de todas as formas, está detalhadamente mapeado e nele "sempre há uma boa saída".

Lyme Regis é um lugarejo simpático, com todas as comodidades para um turista tradicional. Apesar de ter apenas quatro mil habitantes fixos (custou-me acreditar), dispõe de infraestrutura hoteleira razoável e alguns bons restaurantes. Um belo jardim emoldura a encosta sobre a qual a cidade foi construída, e nosso *bed and breakfast* ficava exatamente na borda do pequeno parque, com uma bela vista para o porto e uma pequena praia.

De chegada, fui direto ver o mar e a minha primeira praia "dos ingleses". Alguns detalhes são curiosos para um brasileiro; por exemplo, a quantidade de casinhas que alugam ao longo da praia para as pessoas trocarem de roupa ou guardarem objetos. Num determinado trecho, elas começaram a aumentar gradativamente até virarem casas de verdade, com pequena varanda na frente. A praia é decepcionante, pedra pura de todo tamanho. Consegui caminhar até um *cliff* vizinho, de onde foi retirado um dos primeiros fósseis de dinossauro conhecidos, e imaginei o que representa um verão por essas praias... Além das pedras, o vento é constante e, nesta primavera de maio, faz muito frio.

A dona da pousada foi muito receptiva. Para completar, além da vista, tivemos a visita constante de gaivotas para as quais a proprietária colocava comida na ampla varanda. Pela manhã, o típico *english breakfast* foi "da pesada", pra colesterol nenhum botar defeito: bacon, presunto gorduroso, salsicha, ovo frito, acompanhado de torradas com manteiga e café com leite. Impossível não me lembrar do meu café da manhã tradicional, com muita fruta e granola.

O domingo foi ainda mais movimentado. Começamos visitando uma das maiores mansões elizabetanas da Inglaterra, construída em 1590 em Montacute, uma cidadezinha agradável no caminho para Bath. Trata-se de uma típica residência da aristocracia inglesa, que mais parece um castelo, com direito a jardim e aleias de acesso muito bem cuidadas. Depois seguimos para Glastonbury, antiga cidade de hippies, e Wells, com outra catedral de fachada impressionante e um típico castelo inglês, com direito a fosso e ponte levadiça na entrada.

De Wells para Bath, decidimos na última hora dar uma volta até Cheddar, a terra do famoso queijo inglês e de um desfiladeiro (*gorge*) à inglesa, com apenas cento e poucos metros de profundidade, mas com uma bela estratificação calcária. Demasiado turístico, em determinado ponto o local parece ter como maior atração as lojas de souvenirs. Ali deu para perceber bem o que é uma "atração natural" no turismo inglês. Como eles praticamente não têm montanhas, pelo menos ao sul de Liverpool, uma encosta vertical de cento e poucos metros vira importante atração turística.

Outro desfiladeiro deve ser destacado, quase na foz do rio Avon, sobre o qual foi construída, 75 metros acima, a ponte pênsil de Clifton, um bairro de Bristol. Foi onde acabamos a viagem, depois de passar pela beleza mais ostentatória de Bath e pelo centro nada atraente de Bristol, grande cidade que sofreu intensamente com os bombardeios da Segunda Guerra Mundial, já que era uma das áreas mais importantes da indústria e do aparato militar inglês.

Bath, para finalizar, é uma joia arquitetônica e visita praticamente obrigatória para quem vai à Inglaterra. Os projetos urbanísticos dos séculos XVIII e XIX que construíram ali alguns dos primeiros conjuntos residenciais de alta classe foram surpreendentemente inovadores. Vários deles, em semicírculo, marcam a parte alta da cidade. A princípio, parecem grandes palácios; depois se vê que são residências em série. Alguns ostentam colunas e portais. O rio Avon contornando a área central acrescenta uma bela moldura à cidade. Dizem que, assim como Florença tem o Arno e a ponte Vecchio, Bath tem o Avon e a ponte Pulteney, também com construções laterais como se fosse um edifício.

Tivemos muito pouco tempo em Bath, mas, graças ao carro, foi possível subir as colinas para ver outros conjuntos de residências e admirar a cidade do alto. Em uma hora, também conhecemos o museu dos Banhos Romanos, muito bem organizado, ainda mantendo toda a estrutura dos banhos construídos entre os séculos I e IV da nossa era, com o aproveitamento das fontes termais da região. É uma verdadeira viagem no tempo, e assim se percebe, mais uma vez, o que é o espaço como condensação de múltiplos, diferentes tempos. A arcada superior, com figuras romanas, foi construída no século XIX.

Os banhos só foram descobertos no século XIX, e, como na época a cidade estava vários metros abaixo do nível em que se encontra hoje, durante a visita tivemos a impressão de que estávamos mergulhando nos diferentes estratos que o homem foi acrescentando à estrutura urbana. Verdadeira "estratificação antrópica" de construções que se sucederam e hoje podem ser cultuadas em todo o seu trajeto. Saindo do museu, pergunto-me o que estaremos legando aos nossos futuros admiradores em termos de arquitetura. O que é a dita arquitetura pós-moderna? Frente aos romanos, com certeza nada de muito sólido, para ficar na história. Mas Bath, ao contrário de Londres, não se deixou impregnar (ainda) pela febre (pós-)moderna do vidro e aço. Pelo menos talvez ela consiga recusar essa "camada" da história.

Voltamos a Londres pela *boring* (entediante) M-4, uma *motorway* como qualquer outra, onde, especialmente dentro de um Fiat pequeno e baixo como o nosso, não víamos nada além dos carros e mais carros à nossa frente, o asfalto e, curiosamente, nenhum pedágio. Como um dos mais "automobilísticos" países da Europa, com uma rede ferroviária muito menos densa que a francesa e a alemã, por exemplo, a Inglaterra não adotou o pedágio nas rodovias. Admirável não privatização mesmo em um dos países-modelo do neoliberalismo.

Diante do "não lugar" dessas autoestradas sem cara, sinto-me imprensado pelos carros e não conto mais com surpresas, ainda mais considerando a previsibilidade dos motoristas ingleses. Londres, pra variar, como qualquer outra grande metrópole do mundo, aguardava-nos com um enorme congestionamento de final de domingo. E ainda há quem diga que vivemos o mundo da fluidez e da instantaneidade...

Londres, maio de 2003.

CHESTER, PAÍS DE GALES E LIVERPOOL

Mais um fim de semana fora de Londres, agora com a Inglaterra da (Primeira) Revolução Industrial, do carvão, dos canais, dos portos. O começo foi um bom indício de que, assim como há quase dois séculos se iniciava a decadência do transporte fluvial pelos canais ingleses, agora é a ferrovia inglesa que parece em declínio. Mas, no contexto oeste-europeu, deve ser uma especificidade britânica. Não é de hoje que assisto nos noticiários aos lamentos pela ineficiência dos trens por aqui, bem longe do "horário britânico" que semeou fama.

Saímos de casa às 7h30 para o trem das 8h40 rumo a Liverpool, com troca de trem em Crewe para Chester, onde moram os pais do amigo inglês de quem alugo um quarto. O metrô, para nossa satisfação, estava tranquilo, sem muita gente e no horário certo. Mas dentro do trem, na estação de Euston, começaria a nossa novela de oito horas para chegar a Chester... Problemas elétricos na linha nos deixaram parados dentro do trem até às 10 horas, quando anunciaram as opções: em outra estação, King's Cross, trem para Sheffield e de lá para Liverpool (não servia, no nosso caso), ou trem para Birmingham e de lá para Liverpool, via Crewe, pela estação Marilebone, perto de Baker Street.

Lá fomos nós. Tomamos o trem das 10h40 para Birmingham. Trem simples, parecendo o que faz ligações menores em torno de Londres. Interessante perceber que trem algum em que viajei aqui (em segunda classe) tem poltronas reclináveis, e o espaço para as pessoas de pernas mais longas não é nada recomendado. Ainda bem que as distâncias em geral são curtas. Chegamos a Birmingham quase às 13 horas. Já havíamos telefonado para os pais de meu amigo avisando-os do atraso. Mas não imaginávamos tanto. O trem para Crewe atrasou mais de meia hora, saindo depois das 14. E pegamos um vagão sufocante, sem ar-condicionado e sem janelas basculantes. O verão chegou cedo, e os ingleses parecem não estar preparados para temperaturas acima de 25°C. Fiquei durante um tempo no espaço mais ventilado entre os vagões, acompanhado de cachorros e bicicletas que aqui circulam pra todo canto.

Às 16 horas conseguimos o trem de Crewe para Chester, onde chegamos, finalmente, às 16h30, com mais uma caminhada de meia hora até a casa dos pais de meu amigo, na periferia da cidade. Nessa maratona toda de calor, trens e estações ferroviárias, de agradável ficaram algumas imagens de Birmingham, metrópole agitada cujo calçadão em pleno centro atravessamos a pé entre duas estações, e os canais que, começando em Birmingham, se estendem até Chester. Ali, apesar do cansaço, completamos a viagem com uma gostosa caminhada ao largo do canal, com direito a eclusa e passagem de barco.

Os pais de meu amigo vivem num belo casarão com três andares e seis quartos, construído por partes desde o século XVI, quando servia de hospedaria (*Inn*) para viajantes que saíam de Chester em direção ao sul da Inglaterra. Meu amigo me mostra uma réplica de um mapa de época indicando a localização da hospedaria. Tipicamente inglesa, a casa tem muitos móveis antigos, alguns feitos pelo próprio dono que, aos 92 anos, ainda dirige e, juntamente com a esposa, também de 92 anos, toma conta da residência. Só conta com alguém para cuidar do amplo jardim, onde se encontra toda tonalidade de verde que é possível imaginar.

Durante o chá, o pai de meu amigo narra, todo orgulhoso, sua epopeia durante a Segunda Guerra Mundial, quando lutou por cinco anos na Índia e na Birmânia (atual Myanmar). É muita história (e colonialismo) pra contar. Percorro alguns cômodos da casa e percebo que até livros e revistas são muito antigos. Há baús que, se abertos, com certeza vão revelar muitas outras histórias. Vejo também uma despensa grande, entre a cozinha e a garagem, com um forte cheiro de especiarias e manteiga. Descubro que, mesmo aos 92 anos, o casal utiliza regularmente manteiga, e o "uisquezinho" diário é sagrado. Na cozinha, um fogão a lenha convertido para gás permanece o tempo todo ligado, com grandes chapas de ferro que aquecem o ambiente inteiro. Pra me sentir ainda mais "no clima", escolhi um quarto no sótão pra dormir. Apesar de ficar num extremo da casa, é espaçoso, e o colchão, adequado para meu problema de coluna, que piorou, depois desta viagem carregando sacola.

Com o sol inglês indo embora apenas lá pelas 9 horas da "noite", ainda tivemos fôlego para um passeio na cidade (fomos de carro até os limites dos muros romanos que cercam a parte central, histórica), para jantar e ainda conhecer o vilarejo vizinho de Christleton, um típico subúrbio de classe média alta, completamente asséptico e, mesmo pro gosto de meu amigo britânico, limpo e ordenado demais — até nos jardins, sem espaço algum para imprevisibilidade.

Chester é uma das cidades mais bonitas da Inglaterra, diz o guia turístico que carrego. E confirmo. Chegou a ser mais importante que Liverpool até o início da Revolução Industrial, mas hoje parece seu subúrbio. O trem ligando as duas cidades, que corre de dez em dez minutos durante boa parte do dia, é o próprio metrô de Liverpool e, apesar dos trinta quilômetros, o valor da ida e volta é inferior ao do metrô de Londres.

Os muros romanos da cidade, que começaram a ser construídos no ano 70 d.C., apesar de alterados várias vezes (a posição atual data de 1200), ainda completam o contorno da área central da cidade, perfazendo mais de três quilômetros. É um passeio muito agradável, durante o qual podemos ver o canal Shropshire Union, que corre ao lado dos muros na parte norte, o primeiro hipódromo inglês, os restos do castelo a que servia de proteção, o rio Dee, junto à parte sul, a catedral, construída entre 1250 e 1540, e até um vistoso relógio dourado construído em 1897 em homenagem à rainha Vitória. Mas o que mais impressiona é percorrer as ruas centrais e apreciar a arquitetura das *rows*, como são chamadas as casas de dois andares com arcadas, algumas datando das corporações de mercadores medievais.

No domingo acordamos tarde, às 8 horas. Antes de me deixar na estação pra pegar o trem-metrô até Liverpool, meu amigo fez uma proposta irrecusável: ir de carro até o vizinho País de Gales. Acabamos passando a manhã toda, das 9 horas ao meio-dia, transitando pelas estradinhas das montanhas de Gales. Muito curioso como tudo fica próximo e ao mesmo tempo é surpreendentemente diversificado. Em menos de dez minutos estamos na "fronteira", um pequeno rio que corta duas cidadezinhas ao meio.

A mudança mais significativa — e "significativa" no sentido literal — é a dos *signs* ao longo das estradas, todos bilíngues, em galês (*welsh*) e inglês. Segundo meu amigo, os ingleses que moram "do outro lado" não apreciam nem um pouco o fato de terem de aprender nas escolas, compulsoriamente, o galês. Mas dá pra perceber que o sentimento inverso — aversão ao inglês — é plenamente vivenciado por outros galeses, sobretudo no interior e, segundo leio, no noroeste do país, áreas que por isso mesmo não se sentem devidamente representadas na Assembleia Nacional, eleita por voto direto pela primeira vez em 1999, em Cardiff, a capital, no sul do país.

Visitamos um dos projetos mais arrojados da arquitetura inglesa vinculada ao transporte fluvial na passagem dos séculos XVIII para o XIX. Trata-se do aqueduto-canal Pontsycyllte, construído pelo engenheiro escocês Thomas Telford, considerado o Colosso dos Canais. A impressionante obra tem mais de trezentos metros de extensão e atravessa, como um canal suspenso, o vale do rio Dee. Praticamente abandonados depois que as ferrovias começaram a dominar os transportes, na segunda metade do século XIX, os canais ingleses só retomaram vida há pouco tempo, sendo hoje ocupados por uma quantidade enorme de barcaças, compridas e fechadas, com janelas e muitas vezes plantas, como se fossem pequenas casas. Os ingleses curtem muito as pequenas viagens ao longo dos canais, onde a quantidade de eclusas exigindo um bom esforço para serem abertas e fechadas e a velocidade limitada a quatro milhas por hora não permitem maiores proezas. Hoje são mais de dois mil quilômetros de canais recuperados para o lazer ao longo do país, praticamente nas mesmas condições em que se encontravam no século XIX.

Observar essas barcaças atravessarem o aqueduto é como uma miragem, com os barcos "flutuando" sobre o verde vale do rio Dee. Um rio em cima do outro... Dali seguimos para Llangolen, uma típica cidade turística do interior de Gales, com um famoso festival de música e poesia, o Eisteddfodau, conhecido em toda a Europa. Meu guia também aponta uma atração curiosa na cidadezinha: a bela casa das Ladies de Llangolen, chamada Plas Newydd, construída entre 1780 e 1829, a qual mescla estilo gótico e Tudor. Eleanor Butler e Sarah Ponsoby desafiaram a aristocracia anglo-irlandesa da época e, disfarçadas de homens, "se refugiaram" para viver seu amor em Llangolen, sendo posteriormente respeitadas e reconhecidas por muitas figuras de renome da sociedade da época, como o duque de Wellington.

A volta para Chester foi pelo alto da serra que circunda Llangolen, com belos vales de criação de carneiros. Pela minúscula estrada circulavam bem mais bicicletas que automóveis. A vegetação muda rápido, passando das florestas muito verdes do vale para os campos completamente desnudos, quatrocentos metros acima. Essa altitude, por aqui, já é com frequência atingida pela neve no inverno. Os campos alternam cores mais escuras e claras, em várias tonalidades entre cinza, marrom e amarelo. Algumas encostas rochosas dão outra beleza à paisagem, com o afloramento de dobras onde se percebem claramente as várias camadas que deram origem às montanhas.

Percorrendo essas estradinhas do interior de Gales, a um passo da ebulição metropolitana de Liverpool, não há como não pensar na minha pesquisa, bem como nas múltiplas velocidades destas desreterritorializações que vivenciamos no dia a dia. Penso nos trens que tomamos e que, assim como levaram quase oito horas para nos deixar em Chester, poderiam ter gasto pouco mais de três para nos levar direto de Londres a Liverpool. Temos hoje inúmeras opções de velocidade para atravessar ou conectar nossos territórios, todas vinculadas diretamente ao nosso padrão socioeconômico, às nossas heranças culturais, ao local em que estamos e às próprias limitações do nosso corpo.

Quando vejo o pai de meu amigo inglês, aos 92 anos, ainda dirigindo seu carro ou nós mesmos podendo dispor de um carro para optar pela estrada que bem entendermos e apreciar as paisagens que desejarmos, percebo o quão limitadas são as "opções territoriais" para quem não pode dispor nem de carro particular nem de aviões ou de trens mais rápidos. Apreciar efetivamente o espaço e a diversidade da paisagem acaba sendo privilégio de uns poucos. Os muito ricos podem andar por (quase) todo canto e ainda assim degustarem quase nada, por só perceberem "a si mesmos", ou seja, o espaço de seus iguais, enquanto para a maioria sobram os deslocamentos mais baratos que, mesmo quando rápidos, não lhes dão opção de pararem ou de escolherem o caminho de sua preferência.

A riqueza de nossas desreterritorializações ou, neste caso, como prefiro, de nossa multiterritorialidade é, com certeza, fruto dessa quantidade maior ou menor de opções que se abrem a nós para a construção de nosso próprio território. No nosso caso, podemos optar por várias velocidades. Se quisermos vivenciar um pouco mais, digamos que em "câmara lenta", o interior do país de Gales, percorremos as estradas secundárias e acompanhamos um pouco o ritmo... dos carneiros. Mas logo mais à frente dispomos de um leque de opções por outras estradas, a começar pela autoestrada pela qual, da paisagem ao redor, não se vê praticamente nada, e que conecta diretamente apenas as cidades maiores.

É incrível como hoje em dia uma das formas mais importantes de se perceber a condição social — e o poder — de cada um é estudando a sua mobilidade e as opções na construção dessas "territorialidades móveis". As opções que fazemos também são um produto da nossa percepção de mundo no sentido cultural e biológico, da nossa condição étnica, de gênero, faixa etária, grau de deficiência física, etc. Tudo isso interfere na nossa tomada de decisão sobre a velocidade em que vamos andar e onde e quando vamos parar.

Portanto, nossos territórios e lugares são um jogo dentro desse conjunto de movimentos e paradas que intercalamos o tempo inteiro e que interferem em todas as esferas da nossa vida.

De Chester para Liverpool, acabei resolvendo descer na última parada antes da travessia do estuário do rio Mersey. De dentro do metrô, a duas paradas do túnel que atravessa o estuário, não se vê mais nada. É como se a cidade desaparecesse e fôssemos a partir de então reconstruí-la em pedaços, de acordo com as estações nas quais chegamos à superfície e onde temos a impressão deslocada daqueles fragmentos de paisagem.

Dispondo de tão pouco tempo para conhecer a cidade, resolvi pelo menos ter uma visão a menos fragmentada possível. O melhor seria, então, ingressar em Liverpool pela sua entrada historicamente mais "natural", o porto. A vista do outro lado é impressionante, toda uma silhueta de grandes edifícios ao longo de vários quilômetros na beira do rio, cada um com identidade própria, mas no conjunto dando uma ideia clara do que representava aquela metrópole para, por exemplo, os cerca de nove milhões de imigrantes que por aqui deixaram a Inglaterra. Ou para os milhares de soldados americanos que por aqui entraram na Europa para derrotar os nazistas durante a Segunda Guerra Mundial. Ou para pessoas de todos os cantos do mundo que aqui chegaram para o comércio, desde o comércio de escravos até o de produtos industrializados que o capitalismo inglês impôs ao mundo inteiro.

De repente me vejo transladado para uma longa história de imensos sucessos e tragédias. Liverpool sintetiza tudo isso. Percebo que muito pouco da arquitetura dos áureos tempos da Revolução Industrial efetivamente sobreviveu. Em meio às docas do porto, um conjunto pesado de casarões austeros, a Albert Dock, conseguiu resistir e acabou recentemente declarada Patrimônio da Humanidade pela Unesco. Mas é pouco. Entre os edifícios no horizonte, enquanto atravesso o rio de *ferryboat*, percebo muitos bem recentes, como a imensa torre dos correios e as torres das catedrais anglicana e católica, em visível competição pela grandiosidade.

O imponente trio de edifícios que domina a área em torno do píer dos *ferries* é todo do início deste século: o Edifício do Porto de Liverpool, que imita a catedral de Saint Paul, em Londres, é de 1907, e o simbólico Edifício Royal Liver é de 1911, época em que a cidade ainda ostentava sua força pelos quatro cantos do mundo. Depois, o declínio, até no número de habitantes. Hoje são apenas meio milhão. Mas Liverpool tenta retomar sua identidade, tão forte na história da técnica e arte que ela condensa. As reformas urbanas são uma constante, algumas mais exitosas, como a das docas, outras um fracasso, como as praças de concreto e shopping centers entre as estações Central e Lime Street. Minha impressão é a de que são duas cidades: uma com marcas fortes, "com cara", aberta para o exterior, de frente para o rio-mar; outra, desfigurada, aparentemente sem identidade, miscelânea de estilos, voltada para o interior, mas ainda assim recheada pelas vivências da classe trabalhadora.

Caminho muito, apesar do cansaço. Nem almoço. Quero aproveitar cada minuto. Percorro o Museu Marítimo, com suas réplicas de navios de todos os tipos, e o pequeno e didático Museu da Vida em Liverpool. Acabo na rua Mathew, uma mistura doida de homenagens aos Beatles — apesar de tão recentes, eles perderam inclusive o "original" do bar The Cavern, onde se apresentavam. Tudo ali parece *fake*. Mas não há como não reviver o clima dos anos 1960. E Paul McCartney estava justamente se apresentando naquele dia na cidade. Sua música fica na minha cabeça, assobio sozinho, lembrando as gaitas escocesas de "The Mull of Kentyre", que tanto marcou a minha adolescência no interior do Rio Grande do Sul, e... literal e metaforicamente, viajo. Acho que por isso acabei só chegando a Londres à meia-noite, depois de pegar o trem errado em Crewe e por muito pouco não ter ido parar em Manchester...

Chester e Londres, junho de 2003.

AMÉRICA LATINA

SÓ (,) NO MÉXICO

Saio à rua e sou colhido pela multidão que vende e compra de tudo, movendo-se ou simplesmente se fazendo ver (e expressando-se) por esta urbe extraordinária de vinte milhões de pessoas que se desmultiplica em outras tantas em cada canto por onde se ande. Atravesso a praça que era para ser da Constituição, mas que o povo adotou como Zócalo (que significa base, embora de base não tenha muito, pois o solo cede) e sou sugado pelos túneis congestionados do metrô. Metrô com cheiro e ruídos do de Paris, mas que, por dentro, é recheado por outra cultura, outro povo e, muito provavelmente, outra densidade. Faço baldeação em Hidalgo, onde sou levado por uma massa maior ainda. No outro trem, rumo à Cidade Universitária (que é a maior e uma das mais antigas da América Latina), consigo, depois de várias estações, um banco onde me sentar. Nada mal para quem acaba de chegar de uma viagem de 18 horas do Rio de Janeiro (incluindo uma inexplicável parada de sete horas no aeroporto de Guarulhos) e sente os efeitos da altitude (2.240 metros), da secura e da contaminação do ar (meus olhos, de repente, ardem com força e quem me olha deve pensar que estou chorando).

Senta-se ao meu lado uma velhinha de roupa colorida, rosto todo enrugado, muito expressivo, lembrando essas fortes personagens indígenas que povoam a rica história mexicana. Retira da cabeça o belo chapéu preto de lã — aqui faz frio — e começa lentamente a desfazer as longas tranças de cabelos brancos para depois as refazer, e melhor. Linda vaidade aos 80 e tantos anos. Enquanto estava de pé, lembrava-me do livro *Canções*, do jovem e premiado escritor português Gonçalo Tavares, que li entre um aeroporto e outro. Gonçalo escreve vários contos-crônicas sobre o México, alternando a dramaticidade, a diversão e o assustador. Pinta um quadro um tanto sofrido e cinza demais para essa realidade tão colorida que é o México. Sei da violência, do drama da segurança (que "consome 15% do PIB", diz o jornal de hoje, informação que no outro dia foi corrigida para 1,5%), do avanço e das atrocidades do narcotráfico, mas, pelo menos para um brasileiro, não há por que se assombrar com tudo isso. Existe muita beleza entremeada. Beleza, inclusive, da dor e do sofrimento, como me fez perceber outro dia meu sobrinho Vini.

Olho para essa massa que se debate entre corredores, calçadas e prédios, e não tenho tempo nem de me perguntar por quê — preciso me locomover e "me encontrar" também. Na saída do metrô Copilco rumo à editora onde vou receber meus primeiros direitos autorais em terra estrangeira (feliz por meu livro já ter vendido mil exemplares e estar a caminho da segunda edição), sigo na direção certa, mas resolvo perguntar, para confirmar, e informam-me que siga para o lado contrário. Depois de boa meia dúzia de quadras, olho para o sol e me convenço de que a indicação estava errada. E volto tudo outra vez. A sensação de cansaço só é vencida ao perceber que ainda terei de voltar aquilo tudo para encontrar o Banco do México, onde preciso trocar o cheque que me entregaram. E retorno outra vez, dinheiro no bolso, para devolver parte dele à editora, comprando seus livros (inclusive um exemplar do meu, que não tenho mais); autores se consolam (comprando seus próprios livros com quarenta por cento de desconto...).

Retorno ao hotel, duas quadras ao norte do Zócalo, e já são 6 horas da tarde no Brasil, 2 horas aqui, quando parto para almoçar. Graças ao meu fiel companheiro e guia *Lonely Planet* (boa publicidade vale), descubro um restaurante vegetariano excepcional (isso existe? Muitos carnívoros irão duvidar) a poucas quadras do hotel, no calçadão da avenida Madero. Inacreditável: um restaurante vegetariano com música mexicana ao vivo, garçons de gravata borboleta e pratos mexicanos no cardápio. As enchiladas de mole com excelente molho e as almôndegas de cogumelos mexicanos estavam de dar água na boca. E antes vieram uma salada (que podia ser verde ou de fruta e eu, pra variar, escolhi de abacaxi, melão, goiaba e banana) e uma sopa quente de legumes, acompanhada de um saboroso pão integral levemente doce. O refresco de laranja e o doce de goiaba de sobremesa estavam incluídos. Tudo

isso por cem pesos (pouco mais de 16 reais), uma pechincha. Claro que dei um trocado ao garçom e outro aos cantores. Embora não seja exatamente um fã da chorosa música popular mexicana, foi como se fizesse uma viagem à minha infância no interior do Rio Grande do Sul.

Na volta pelo Zócalo, fui revisitar a imensa e soberba catedral que levou séculos para ser construída, durante todo o período colonial, e ostenta uma grandiosidade que só é imitada, mas na horizontal, pelo imenso Palácio Nacional, do outro lado. Ah, e tem a bandeira mexicana gigante no meio da praça, hasteada todo dia às 8 horas da manhã e baixada às 6 da tarde. Aqui, como na Argentina, o amor pela bandeira só não é capaz de sensibilizar um Justin Bieber, que nesta semana literalmente varreu a bandeira argentina pra baixo do tapete, ou melhor, do palco. Para mim, que não sou nem um pouco simpatizante do nacionalismo exacerbado, esse excesso de bandeira incomoda. Mas tudo bem; já houve movimento no Brasil dos "sem bandeira", e o resultado não foi bom. Concedamos um desconto. E voltemos à rua.

Palácio Nacional

No entorno da catedral, reúne-se durante a tarde uma infinidade de camelôs, alguns indígenas — embora aqui seja difícil distinguir quem é e quem não é "índio". Nós, brasileiros, somos muito ignorantes a respeito da enorme riqueza de civilizações (e contribuições) indígenas que se desenharam, e continuam se desenhando, na realidade mexicana. Lembro-me da primeira viagem que fiz ao México, em 1998, quando, entusiasta do movimento zapatista, fui até Chiapas, passando por Oaxaca, e fiquei gratamente surpreso com a enorme riqueza do legado indígena, inclusive da cultura linguística, que conseguiu sobreviver e, muitas vezes, até se impor por aqui. Assim, não é de surpreender que indígenas — "falsos" ou "verdadeiros", não é esta a questão — se concentrem ao lado do maior templo católico do país para reverenciar seus espíritos e, literalmente, enrolar os turistas em torno de rituais, incensados com o cheiro bom do copal, a resina aromática conhecida desde tempos pré-hispânicos.

Um ônibus urbano típico, daqueles que ainda têm o motor destacado na frente, passa ao meu lado ostentando a expressão "Roleta del diablo". Não identifiquei a propaganda, mas cabia muito bem àquele contexto. *Diablos* soltos, no bom e no mau sentido. Pobreza e riqueza ostensivamente juntas. Praça dos contrastes, dos encontros inusitados, do lugar-momento para todos.

Milagres de espaços públicos latino-americanos. Ainda públicos. E aqui público ainda é o transporte: para que se tenha uma ideia, uma passagem de metrô custa três pesos, ou cinquenta centavos de real, e devemos considerar que o salário mínimo (ainda que computado por hora trabalhada) é mais elevado que o do Brasil, num custo de vida em geral consideravelmente inferior. Pública também, infelizmente, é a salada de sons que eclodem pelas ruas, onde todo tipo de música parece admitido, e uma ao lado, ou melhor, em cima da outra. Acho que desse jeito nem vou conseguir dormir, pois a rua na frente do hotel reflete o mesmo burburinho. Figuras bizarras também povoam as esquinas, de fantasias gigantes de Hulk ou Papai Noel a heróis de filmes de ficção e histórias em quadrinhos. Até turistas se dobram a esses personagens insólitos, em imagens que me parecem bem mexicanas, nas quais o brega e o exagerado convivem sem preconceito e são admirados pela grande maioria.

Violência e religiosidade parecem às vezes se irmanar. A poucos metros da esquina em que uma espécie de funk mexicano declama suas letras agressivas, está uma galeria de lojas exclusivamente de imagens religiosas. Difícil imaginar um povo para quem até a morte é santa e festejada. Haverá contradição maior do que essa? A morte, no México, é reverenciada como uma velha senhora. Talvez por isso não devamos nos surpreender em andar às 7 horas da noite pelo calçadão da avenida Madero, repleto dos mais variados tipos humanos — quase todos, é verdade, mexicanos. Mariachis cantam na varanda enquanto gays desfilam de mãos dadas ali embaixo, e uma verdadeira associação de tocadores de realejo inunda com o mesmo som várias ruas do centro histórico. Crianças, muitas crianças, mesmo com o decréscimo da natalidade no México, enfeitam e dão mais graça à multidão que para a fim de assistir às acrobacias de estátuas vivas e bonecos falantes.

Hoje no México estive só, e só no México se pode encontrar essa diversidade aparentemente contraditória. No México, segunda-feira é feriado e comemora-se a Revolução, aquela que prometeu ser muito, mas que no final acabou não sendo, e virou nome de partido político populista que ficou décadas e décadas no poder. No México, é possível subverter a história.

E o subcomandante Marcos continua discursando e aprontando no meio da floresta Lacandona. Lembro como curti o México de Paz, o Octavio que li ainda nos anos 1980. E também curti o México de batalhas do zapatismo neorrevolucionário (não importa o que isso ainda quer dizer) nos anos 1990. Agora, quem diria, os narcos dominam enormes regiões do país e (se) matam pelo poder. No México, e só no México, parece que os opostos se encontram, ou melhor, aqui já nasceram juntos. Por isso, nesta terra tão cristã onde até a morte é familiar, ninguém, de fato, no final, acaba ficando sozinho.

Cidade do México, 2013.

MÉXICO PROFUNDO

"Mamá" é uma figura extraordinária, que de algum modo representa a alma original do povo mexicano. Trago-lhe uma imagem do Cristo Redentor que ela há muito pediu ao filho que esteve duas vezes no Brasil, bem como ao genro, que trabalha numa empresa mexicana com laços fortes com o

Brasil, para onde vai todo ano, sem nunca lhe trazer o Cristo. Muito feliz, ela colocou o presente num antigo armário de vidro na sala, onde guarda apenas seus *regalos* de vários cantos do mundo, uma vitrine que o filho, ironizando, chama de "bazar de Istambul". Põe o Cristo ao lado do Jesus de Guanajuato e de Nossa Senhora de Guadalupe, e me sinto, como sem querer, irmanando os espíritos brasileiro e mexicano. Ao lado da vitrine, sobre uma cômoda, uma dúzia de chapéus coloridos que "Mamá" exibe com orgulho, em seus 80 anos, que de modo algum parece ter. Extremamente lúcida e decidida, lamentou muito, no último ano, ter sido impedida de dirigir devido a problemas sérios de visão no olho esquerdo. Antes se locomovia por toda a cidade e vizinhanças com destreza; agora depende dos filhos para ir mais longe. Dos três, apenas um mora com ela; outro mora no Texas, nos Estados Unidos, e a filha, artista reconhecida, vive perto.

Mamá viaja conosco até a cidadezinha onde nasceu e onde viveram seus avós, uma hora e meia ao norte da cidade do México. No trajeto, vai indicando o roteiro e localizando efemérides vividas. A saída da cidade do México, mesmo num sábado pela manhã, é meio caótica, com muitos caminhões e carros antigos tomando as pistas, além de um novo elevado que se estende como uma enorme serpente corroendo a paisagem por dezenas de quilômetros dentro da área metropolitana. A área povoada se extingue muito lentamente até a paisagem árida se impor, em vivo contraste com a saída sul da metrópole, rumo ao litoral úmido do Pacífico. Antes de Tula, um vale muito poluído ostenta uma enorme indústria petroquímica associada a uma refinaria da Pemex e uma termelétrica.

Deixamos Tula para a esquerda (iremos visitá-la na volta) e seguimos por estradas mais interioranas rumo a Mixquiahuala — um desses nomes sonoros, ainda que impronunciáveis, da herança asteca (e de outros grupos) na geografia mexicana. No caminho, atravessamos a ferrovia que vem do Sul, com seus famosos trens de migrantes utilizando até mesmo o alto dos vagões de carga para seguir rumo ao sonhado eldorado norte-americano. Mamá já nos havia avisado que levássemos moedas para os garotos de Teocalco, os quais ficam junto à linha férrea pedindo ajuda para comprarem comida para os migrantes. Todos passam lentamente ali, e muitos trazem moedas (a maior, de dez pesos, vale quase dois reais, mas a maioria dá apenas duas ou três moedinhas de um peso). Paramos para fotografar a estrada de ferro e o "pedágio" de auxílio aos migrantes desafortunados. Tristes paisagens passageiras que se alimentam do sofrimento e, ao mesmo tempo, representam a audácia no risco corrido por esses retirantes.

Mixquiahuala é um *poblado* típico do interior centro-mexicano. Por uma hora saio sozinho andando pelas ruas enquanto meus cicerones resolvem negócios e reveem velhos parentes e amigos. Na antiga *casita* onde moraram quando pequenos, aos poucos se deteriorando, há um tanto também de "bazar turco", com vários sóis muito coloridos e ornados de flores nas paredes, um dos quais, muito vistoso, fotografo. Do lado de fora, um mesquite, árvore resistente à seca e que deu nome à cidade, e muitos cactos, alguns abandonados, tomados de caramujos.

Sigo pela rua, e o cotidiano lembra o de cidadezinhas do interior do Brasil, norte de Minas, quem sabe. A religiosidade impera, e a igreja, mesmo num sábado ao meio-dia (aqui se almoça às 3 horas da tarde), está transbordando de gente. Nem consigo entrar. Na praça ao lado, num teatro ao ar livre, há um grande palco (muito comum por aqui; na pracinha junto a uma capela, a seis quadras dali, também existem um coreto e um palco aberto para festas

da igreja e apresentações musicais). Ao lado, embaixo de uma grande tenda, no meio da praça, estão organizando uma *muestra gastronómica* com participação de diferentes municípios da região. O cheiro desperta meu apetite, mas resisto; preciso aguardar meus amigos para almoçar.

Prossigo a caminhada em direção à capela e percebo duas lan houses no caminho. A Internet é forte também por aqui. Lojinhas de roupas e calçados de vitrines improvisadas se alternam com bares, pequenas mercearias e uma surpreendente quantidade de *pastelerías*; na verdade, uma espécie de "tortarias", como confeitarias que só vendem tortas. Paro e peço para fazer uma fotografia das tortas gigantes e coloridas, explicando que no Brasil não temos tantas. A admirada vendedora me pergunta por que não gostamos de torta; respondo que gostamos, mas que nem tanto…

A missa terminou e as moças desfilam sensualidade pela rua principal, sapatos de saltos muito altos, brincos vistosos, vestidas como se estivessem indo a uma festa noturna. Não há como não me lembrar da minha infância em cidadezinhas do interior do Rio Grande do Sul, quando as pessoas colocavam as melhores roupas para exibir na missa de domingo. O sol é forte, e o clima continental já mostra a grande mudança de temperatura da noite para o dia. Retorno à *casita*, mas meus amigos ainda não chegaram. Sento-me sob a sombra meio tímida de uma árvore ressequida na beira da calçada, e por quase meia hora fico registrando os poucos passantes entre carros e pedestres.

Almoçamos num restaurante muito simples. Mas, na rica cozinha do México, a comida é sempre valorizada, e o almoço nunca se restringe a um único prato. Sopa ou arroz (sem acompanhamento, um pouco estranho para os hábitos brasileiros) sempre antecipa o prato principal, e no interior, como no Brasil, feijão é indispensável. Mesmo com algum risco de nos atrasarmos para a visita ao sítio arqueológico de Tula, ainda fizemos duas paradas "obrigatórias": na antiga casa do tataravô de meu amigo, que havia sido transformada num bar, e numa capelinha de Santo Antônio ornada de flores, o santo de maior devoção de minha anfitriã, e para o qual ela fez uma oração.

Perto de Tula, passamos por um enorme terreno com dezenas de carros usados, que muitos trazem dos Estados Unidos para revender aqui. Daí a presença forte de camionetas em estilo americano, mas que, dizem, não duram muito. Na estrada para Tula vou escutando ricas histórias dos povos que ocuparam a região e rechearam sua paisagem de referências simbólicas. Ao chegar ao sítio arqueológico, o impacto é grande, ainda mais num entardecer em que os raios do sol entre nuvens emolduram com um toque de magia o perfil dos atlantes (nome originado da deusa Atlatona) no alto da pirâmide.

Como sempre, esses lugares foram estrategicamente escolhidos e têm visão panorâmica de uma vasta região. Pena que agora, para o sul, o horizonte seja rasurado pelas incontáveis torres das indústrias petroquímicas e de uma grande termelétrica. Várias colunas de fumaça e de fogo se projetam no céu, como uma ficção científica de horror frente à altivez e beleza das estátuas-colunas de quase cinco metros de altura.

Voltamos ao caos da megalópole, mesmo depois de enfrentar um duro congestionamento num atalho malplanejado, com a alma mais leve e o legado desse turbilhão de memórias que iríamos realimentar ainda nos dias seguintes, nas ruínas de Malinalco e Xochicalco — nomes que evocam a originalidade de culturas remotas. Antes de dormirmos, ainda passamos na bela casa da irmã de meu amigo, de onde se pode divisar o gigantismo da cidade do México nas luzes que se perdem no horizonte em todas as direções. Artista reconhecida, ela também se inspirou na arquitetura dos ancestrais mexicanos para construir suas obras, quadros que mesclam pintura e escultura, pois no México, profundo, nada pode ser reduzido a apenas duas ou três dimensões.

México, 2013.

Atlantes da Tula

Atlantes

Tula

Palácio de Bellas Artes

SINO INSANO EM MALINALCO

Pode-se imaginar uma igreja (ou um padre) que é capaz de transfigurar em suplício o silêncio de um ambiente considerado mágico da bucólica e histórica Malinalco, no interior do México, em pleno feriado, quando a maioria está ali simplesmente para descansar? À noite, embora os fogos já anunciassem uma festa, ainda não se tinha a menor ideia do que estaria por vir. Que comemoração justificaria um sino tocar durante quase duas horas sem interrupção, e num ritmo alucinante, entre as 5 e as 7 horas da manhã? Parece mais a total perda de controle de um louco, batidas sem musicalidade alguma, nos mais altos decibéis, que agridem os ouvidos e são de tempos em tempos intercaladas por fogos de artifício, como tiros de misericórdia — ou bombas — no meio de um calvário. Nem minhas gotas infalíveis de remédio para dormir, que guardo como reserva para situações-limite, conseguiram surtir algum efeito. Muito menos o bolo de papel que ajustei nos ouvidos. E pelo efeito do fuso horário, quatro horas a mais no Brasil, já estava acordado desde as 4h30.

Em Malinalco, um único padre, quem sabe, acaba tendo o poder de alterar todo o ritmo da cidade. O monastério agostiniano seiscentista, que de outra forma seria um monumento histórico apaziguador em meio a um ambiente de reclusão e meditação, com um fabuloso claustro primorosamente pintado com alegorias aos santos e à rica botânica da região, reduziu-se na madrugada a um alucinante instrumento de percussão cujo único objetivo parecia ser o de colocar a cidade no livro dos recordes. Inacreditável, era só o que eu dizia ao amigo que me trouxe até aqui enaltecendo o sossego e a quietude do lugar, com sua bela localização num vale semi-isolado e diante de um magnífico sítio arqueológico. No alto de uma montanha que delimita um dos lados do vale, ergue-se uma das mais importantes bases da organização sociomilitar mexica (ou asteca, como eram denominados pelos "estrangeiros").

A subida é difícil, mas aparece ornada com placas explicativas sobre a história, a geografia física, a fauna e a flora da região, redigidas em espanhol, inglês e no idioma asteca náhuatl, ainda falado por aqui. Às 6h30 da manhã, finalmente o ritmo dos acordes diminui um pouco e começa-se a ouvir algo parecido com o toque de um tambor, intercalado aos repiques do sino. Não é possível que a Igreja aqui esteja tão avançada para comemorar com tanta ênfase o dia da Revolução Mexicana, motivo do feriado. É claro que algum santo deve estar no meio. Preciso descobrir o santo que parece envolvido numa retaliação tardia à Lei de Nacionalização de Bens Eclesiásticos, empreendida por Benito Juarez em 1859. O desejo mais sincero, meu e de noventa e nove por cento dos visitantes de Malinalco, é com certeza bem menos ambicioso: queremos expropriar esse sacerdote (ou o coroinha) de seu sino. Duas horas de badalo, um suplício que, rolando na cama, parecia interminável. Disseram-nos depois que o "culpado" era San Martín, padroeiro da cidade. Não acredito que santo algum mereça de seu povo tamanha complacência.

DO "CAMIONERO" DE ROBERTO CARLOS AO MAR DE LUZES DA CIDADE DO MÉXICO

A autoestrada Cuernavaca-México sobe rapidamente as montanhas em curvas perigosas até 3.100 metros de altitude, mas com vistas fenomenais do vale de Cuernavaca e dos montes de Tepoztlán, embora nem sempre seja fácil divisá-los com nitidez, imersos na bruma ou na poluição. Poluição que não se compara, é claro, com a do vale fechado da Cidade do México. Parece que caminhões gigantes vão tombar ao nosso lado. Diego, o chofer da UNAM, residente na capital do país, percorreu este trajeto praticamente todos os dias da semana nos últimos quase trinta anos. Com orgulho, exibe agora uma bela e possante camioneta preta 2011 recentemente adquirida. Aqui, como já havia confirmado, é possível comprar "carrões" de segunda mão vindos dos Estados Unidos a preços camaradas.

À medida que subimos e a temperatura cai (sobretudo por ser inverno), Diego fecha os vidros e liga o rádio. A música é a mais *llorosa* música mexicana, mas não tenho como contestar ao perceber que é sua companhia predileta. De repente, pra minha surpresa, surge o "choro amigo" do "Camionero" de Roberto Carlos dialogando conosco: "*La nostalgia viene a hablar conmigo. Con la radio yo consigo, espantar la soledad*". Outros caminhões imensos vão passando, e a música se torna um componente indissociável da nossa estrada.

O México, como o Brasil, depende desses *camioneros* para a maior parte do seu abastecimento. "*Cada día por la carretera, noche y madrugada entera... Voy de día un poco más veloz, de noche prendo los faroles, a iluminar la oscuridad. (...) pero voy con cuidado, no me arriesgo en marcha suelta (...) Ya rodé mi país entero, como todo camionero, tuve lluvia y cerrazón. Cuando llueve el limpiador desliza, va y viene el parabrisas, late igual mi corazón*"... *Pra finalizar com a saudade da amada que espera em casa,* "*ya pinté en el parachoque, un corazón y el nombre de ella*". Provavelmente depois de Pelé, Roberto Carlos seja o brasileiro (ainda) mais conhecido e reverenciado por aqui.

Ele fez um sucesso enorme nos anos 1980. É interessante como uma música, mudando o contexto geográfico, pode adquirir outro sentido. Nunca havia curtido o "Caminhoneiro" de Roberto como nesta uma hora de subida pelas montanhas de Cuernavaca. A passagem do estado de Morelos para o Distrito Federal é feita sob alguma neblina, já começa a anoitecer, e logo depois da passagem do pedágio somos brindados com o congestionamento compulsório da Cidade do México. Abro meu *La Jornada*, um dos poucos jornais diários da América Latina que ainda nos proporcionam um número expressivo de artigos e análises críticos consistentes, e deparo com a realidade da *inseguridad* e da organização de *autodefensas* por vários bairros, *pueblos* e regiões inteiras do México (como diversos municípios do estado de Michoacán).

Eu, que inicialmente pensava nessas "polícias comunitárias" de autodefesa como nas milícias brasileiras, tenho de começar a rever minha interpretação, pois intelectuais respeitáveis daqui as veem como medidas de conquista de autonomia dos grupos subalternos, e há até quem fale num cinturão "alternativo" de poder desde Chiapas até Michoacán, passando por Oaxaca e pelas regiões tradicionalmente de resistência no estado de Guerrero. Como o narcotráfico também estende suas teias por aí, bem se percebe a complexidade do processo.

A chegada à megalópole mexicana traz também, via *La Jornada*, junto a esse discurso da insegurança "social" (que estava muito presente em Cuernavaca, outrora oásis de tranquilidade para os mexicanos da capital), os efeitos de uma insegurança, se pudéssemos chamá-la assim, "ambiental". Volta a intensa poluição, e meus olhos começam a arder outra vez. Felizmente nem tão forte, pois há vento, uma frente fria acaba de passar (a "décima quarta" — aqui se contam uma a uma) e, assim, a contaminação e a sequidão diminuem um pouco. Leio também que "*La contaminación ocasiona 3,2 millones de muertes prematuras en el mundo*", vários milhares no México.

Tomamos a imensa Calzada de Tlalpan do sul da cidade em direção ao Zócalo, a grande praça do centro histórico. Fico sabendo que essa enorme avenida foi construída no século XIV pelos astecas como uma ampla calçada unindo a ilha no centro do lago onde estava a cidade de Tenochtitlán a suas localidades periféricas. Foi numa de suas seções que se deu o famoso encontro entre Hernán Cortés e Motecuhzoma (Montezuma) Xocoyotzin. Hoje, só o nosso imaginário consegue se transladar para o que foi essa incrível obra pré-hispânica. A atual avenida, repleta de arquitetura de gosto duvidoso e de barracas improvisadas de vendedores ambulantes, mais parece, pelo menos em sua parte sul, uma grande Avenida Brasil cortada ao meio pela linha do metrô. E imaginar que aqui havia um grande lago...

Tenochtitlán

À noite subo a Torre Latinoamericana de 42 andares, que já foi o prédio mais alto da América Latina, e tento identificar traços da velha Tenochtitlán. Pura ficção naquele mar de ruas de tráfego permanente e horizonte infinito de luzes. Se hoje os astecas chegassem aqui e vissem o que fizemos com sua cidade e seu lago, seria bem provável que tentassem finalmente nos massacrar. Ou, quem sabe, ao contrário, fossem outra vez devorados, agora por esse imenso mar de luz e consumo que, de alguma forma, a todos parece ter hipnotizado.

Cuernavaca-Cidade do México, novembro de 2013.

DE VOLTA PARA O FUTURO: PARADOXOS CUBANOS

Cuba vive de paradoxos. Vestígios de um velho mundo que permanece, esperança de outro mundo que não se estabelece. Resquícios reais de uma geografia que "parou no tempo". Antecipações possíveis de um futuro necessário de austeridade e reaproveitamento. Cuba é também, surpreendentemente, saudade de um Brasil descontraído e seguro que, em grande parte, se foi. O malecón de Havana ou de Cienfuegos lembra a cadência carioca e a tranquilidade do calçadão de Copacabana de décadas atrás. Não só a música é componente indissociável da paisagem, mas também o ar poluído do tráfego tranquilo, mas de carros antigos e inseguros, cuja porta emperra e o cinto não segura (ou simplesmente não existe). Carros que, ainda assim, talvez sejam relativamente os mais caros do mundo (mesmo os mais baratos podem equivaler ao preço de uma casa). Mecânicos têm de ser os melhores, e tudo parece passível de recuperação. Transporte individual aqui, de fato, não é prioridade. O trânsito flui sem engarrafamentos, mas o transporte público está frequentemente superlotado e proliferam os caminhões-ônibus, os táxis-lotação, as bici e os coco táxis. Cidades como Cienfuegos e Trinidad são tomadas por charretes lotadas de gente.

Num terminal do centro, com um amigo, professor da Universidade de Havana e morador da periferia, descubro o criativo sistema "sem fila" dos cubanos: em meio a uma multidão disforme de usuários e nenhuma indicação de linhas de ônibus, sai-se falando o nome da linha que se quer, e o último que chega denuncia: "*Soy el último*", e pode ficar em qualquer lugar em que permaneça visível. Com a chegada do *guagua*, que é como os cubanos denominam seus ônibus, a *cola* surpreendentemente se organiza. Como fila é uma verdadeira instituição cubana, eles arranjaram um jeito de pelo menos não ficarem presos a um local, de pé, sem liberdade alguma. Aliás, podemos comer tanto feijão com arroz ou *moros y cristianos* (que aqui também se chama *congri*) no dia a dia, ter tanto candomblé e umbanda quanto eles têm *santería* (impressiona a quantidade de "noviço(a)s" de branco pelas ruas) e sermos musicais e apreciarmos novela do mesmo jeito, mas no "jeitinho", sem dúvida, os cubanos nos superam. As necessidades cotidianas e os dribles para sobreviver com o salário oficial irrisório, que varia entre 25 e 50 dólares mensais (da aposentadoria básica ao que recebe um médico, os salários variam pouco), levam os cubanos a malabarismos (mas também a apoio mútuo) de toda sorte.

Como em grandes resorts, o turismo muitas vezes parece ter dividido o país em dois, com espaços onde o cubano só entra como trabalhador. Além de duas moedas (em projeto de unificação), regiões inteiras, como Varadero e Cayo Guillermo, e serviços, como o transporte por ônibus intermunicipais, incluindo-se também as clínicas médicas, são reservados exclusivamente para estrangeiros, mas ajudam a subsidiar muitos serviços, como os ônibus, até dez vezes mais baratos para os locais. Aos poucos o turista se integra à vida local, e mais e mais cubanos usufruem, a seu modo, alguns privilégios que antes as empresas estatais, sozinhas, acabavam colhendo. A permissão de alugar quartos para turistas, embora estritamente controlada (com pagamento de uma taxa mensal e de dez por cento sobre a receita, além de registro obrigatório dos visitantes), foi uma forma de ampliar o leque de atividades e de recursos privados. Mas quem mais desfruta esse sistema é aquele que já se encontrava em condições econômicas um pouco melhores, que comprou ou herdou as casas mais amplas e mais bem localizadas e consegue reformá-las, muitas vezes com remessas de parentes no exterior (especialmente as centenas de milhares de cubanos que vivem nos Estados Unidos).

É difundida a expressão popular da força de *quien tiene FE* (familiares no exterior). Sem dúvida esse sistema de hospedagem gerou também muitos empregos secundários, de empregadas domésticas a cozinheiros e lavadeiras. A diferença de rendimento é tamanha que facilmente encontramos ex-professores (como a professora de Geografia da casa onde fiquei em Havana), ex-administradores e economistas (como o da casa de Cienfuegos) e até ex-médicos e engenheiros envolvidos na recepção privada de turistas. Num dia (com diárias que variam de vinte a trinta CUCs — o peso convertível cubano equivalente ao euro), pode-se ganhar mais do que o salário de um mês pago pelo Estado. Um problema pode ser encontrar material de construção para reformar a casa ou mesmo produtos alimentícios para o café da manhã. Mas há vários "jeitinhos", como o que presenciei um dia na compra de ovos, que estavam em falta: a pessoa pagar um "extra" ao funcionário da distribuidora estatal para que, tão logo chegue a mercadoria, a cota lhe seja reservada.

O "jeitinho" e a inventividade cubanos se expressam na capacidade de tudo reaproveitar e recuperar, no aprendizado e no exercício de múltiplas tarefas, e até nas formas criativas, tantas vezes sutis, de exploração do turista.

Vivenciei uma experiência dessas ao pedir informação sobre a localização do departamento de Geografia a um jovem que se identificou como estudante universitário de informática, na escadaria principal da reitoria da Universidade de Havana. Ele respondeu que Geografia não ficava naquele conjunto em torno da reitoria, mas numa praça próxima (a da popular sorveteria Coppelia), e acrescentou que, como só abriria ao meio-dia — e eram então 11 horas —, eu poderia fazer um percurso pelo campus. Ao subir as escadas, ele me seguiu e logo indicou que eu visse uma pracinha em homenagem a Hugo Chávez e ao povo venezuelano. Descreveu em minúcias episódios que se passaram nos prédios próximos, incluindo discursos de Fidel, mostrou-me um tanque do exército transformado em monumento ("o único do mundo dentro de uma universidade"), o pavilhão de educação física, comentou sobre a quantidade de estudantes estrangeiros dentro da universidade, que vêm para aprender espanhol, e, percebendo meu interesse em perguntar, só teceu loas à revolução.

Ao contrário de outros jovens que encontrei, o rapaz não reclamou da falta de Internet, dizendo que existe "intranet" (muito restrita, descubro depois, permitindo comunicação por celular através de um único e-mail, oficial). Internet plena só está disponível para quem trabalha em alguns órgãos públicos ou nas raras lan houses do governo e nos melhores hotéis, numa velocidade lenta e custo muito alto, especialmente para os cubanos, que pagam os mesmos 4,50 CUCs — cerca de 15 reais — por hora de utilização. Ele me perguntou sobre o ensino público no Brasil e admirou-se com o domínio do privado, afirmando que em Cuba tudo é gratuito, menos os livros. Contou também que o exame de entrada é difícil, principalmente para a Universidade de Havana, e que há duas federações estudantis, uma "mais liberal", a FEU (Federación Estudiantil Universitaria), à qual pertence, e outra mais ligada ao Partido Comunista. Então me convidou para sairmos do campus e conhecer o prédio da FEU, onde Fidel viveu enquanto estudava Direito; no caminho, mostrou-me a primeira emissora de televisão de Cuba e a fábrica de rum mantida, segundo ele, pelo revezamento do trabalho voluntário e gratuito dos estudantes, e cujos lucros ajudam a manter a universidade.

No bar da FEU, ele me disse que deveria beber um *negrón* (típica bebida cubana feita à base de álcool, mel, limão, menta e água mineral com muito gelo), o que aceito, mas digo que sem rum e, por gentileza, peço um também para ele. Logo começou um papo sobre música, e veio a pergunta sobre de que tipo de música gosto para depois me contar que os estudantes fazem DVDs para vender e ajudar na manutenção da FEU, e que DVDs pelos quais eu pagaria dez CUCs ali eu pagaria cinco. Acrescentou que iria pegar uma moeda de Che Guevara para me dar de lembrança, e por alguns minutos desapareceu. Já preocupado, eu o vi voltando sem falar na moeda e com três DVDs piratas na mão para vender. Com sua boa lábia, acabou me convencendo a pagar dez (uns trinta reais) por dois deles (que, descubro depois, custariam no máximo um; aqui vale também a regra do "dez vezes mais" para turista...), além dos oito que tive de pagar pela Cola com gelo e limão (com certeza esqueceram que veio sem rum). Para completar, na saída, ao me despedir, perguntou-me se poderia ajudá-lo com algum dinheiro para "comprar livros". Só aí percebi que caíra numa cilada. Respondi que não tinha mais dinheiro e saí rápido rumo à faculdade de Geografia, sentindo-me um otário. Nem tanto, disse-me depois o professor da universidade que iria encontrar, pois "paguei pelo tour", e pelo menos um dos DVDs que comprei, "se funcionar, valerá a pena" (Cándido Fabré, realmente muito bom).

Outra forma, sutil ou não, de abordar o turista é por meio de uma "amizade interessada", que inclui diferentes níveis de intimidade. Como o povo cubano, em mais uma característica compartilhada com a cultura brasileira, é muito aberto, alegre e receptivo, apreciador de festa, dança e boa música (em Punta Gorda, onde fiquei em Cienfuegos, só conseguia dormir após o fim da música muito alta das discotecas, que funcionam todos os dias das 10 da noite às 2 da manhã), é muito difícil avaliar o grau de "interesse" nessas facilitadas e tantas vezes francas relações de amizade. Outras vezes, entretanto, fica mais clara a sensação de que muitos, especialmente os jovens, buscam encontrar uma forma de receber algum benefício material ou mesmo de deixar o país, o que, diante das grandes dificuldades, monetárias e burocráticas para viajar ao exterior, em muitos casos só pode ocorrer via casamento.

Minha experiência em um clube muito popular de Cienfuegos foi sintomática dessas estratégias. Principalmente por minha aparência europeia, sofri intenso (e fisicamente muito direto) assédio de mulheres que, logo em seguida, descobri serem prostitutas ou cubanas buscando envolvimento pelo simples fato de o estrangeiro lhes proporcionar diversão (algumas apenas pediam uma cerveja). Na periferia pobre de Trinidad, ao perguntar onde ficava uma rua a uma senhora sentada à porta de casa, ela indagou de onde eu era e se tinha trazido "algum xampu", perfume ou sabonete para *regalar* (é grande a carência de produtos de higiene e cosméticos, sempre muito apreciados). Ao receber minha negativa, perguntou se "me gustaban las mulatas" e se não poderia levá-la à noite à Casa de la Música, principal danceteria da cidade. Há várias expressões muito populares que compõem o léxico do intenso assédio público masculino sobre as mulheres (algumas reproduzidas no livro *A lo cubano...*, de José Díaz Caballero), mas, à diferença do Brasil, elas também parecem ter a mesma liberdade para abordar os homens.

Sem dúvida em Cuba a sensualidade tem outros códigos e a sexualidade é tão ou mais manifesta e "natural" que em grande parte do Brasil. Isso inclui, nos últimos anos, graças ao ativismo de Mariela Castro, filha do presidente, a expressão muito mais aberta da homo e da transexualidade, explicitamente manifestadas em certas áreas de Havana e naquele que é considerado o "único show oficial" de transformistas de Cuba, toda semana, na cidade de Santa Clara. Um filme recente e de sucesso em Cuba, chamado *La Partida*, focaliza abertamente, por meio do universo homossexual, a controvertida "amizade interessada" entre locais e turistas estrangeiros (incluindo a prostituição, que, neste caso, pode até ser admitida pela família) e demonstra o quanto a ideologia do consumo já impregna o imaginário (e as práticas) da sociedade cubana. País afora, predominam amplamente os outdoors ainda com os motes revolucionários de Che, Fidel e Martí, mas o convívio cotidiano com os cubanos permite perceber o quanto eles já foram conquistados pelo individualismo e a sede consumista do capitalismo. Ainda que tímidas, algumas marcas bem conhecidas, como Puma e Adidas, já abriram suas primeiras lojas no país.

DVDs de todo tipo são produzidos por quem dispõe de um bom computador e participa das várias redes "subterrâneas" de obtenção de informações pela Internet e transmissão de dados pirateados. É possível, por exemplo, a compra de telenovelas brasileiras inteiras em DVD, muito apreciadas no país. Várias pessoas, quando eu dizia que era brasileiro, me perguntavam se sabia o final da novela *Paraíso tropical*, que estava passando em Cuba (para decepção geral, minha resposta era negativa). O país tem uma rica produção cinematográfica, e cópias de filmes podem ser legalmente compradas em pequenas lojas nos próprios cinemas, bastando levar um pendrive. Diante de uma programação televisiva estatal muito restrita, é possível até mesmo adquirir programações estrangeiras inteiras de TVs a cabo regravadas em DVD.

Proliferam os pequenos negócios privados, em geral bastante discretos (bares e lojinhas com tímidos luminosos-padrão onde se lê *Abierto* ou com letreiros artesanalmente pintados), e também são comuns os vendedores ambulantes. Todo final de tarde, por exemplo, passavam em frente à casa em que fiquei em Cienfuegos, identificados pelo apito e um grito, vendedores de pão e *galletas* (bolachas) caseiras. Junto ao *malecón*, o calçadão de Cienfuegos, ou na praia, também passavam vendedores, principalmente de pipoca (*palomita*) fria em sacos plásticos fechados. Talvez o mais curioso sejam os vendedores de tortas bem decoradas que saem pela rua com elas descobertas, na mão. No interior, também são típicos vendedores com imensos colares de alho e cebola.

Num livro recém-lançado sobre o "caráter nacional" cubano, o qual adquiri na Feira Internacional do Livro, em Havana, o filósofo José Díaz Caballero lamenta a "alienação moral" e a "degradação do valor trabalho", especialmente a partir da crise dos anos 1990 no país, com o fim do "bloco socialista" e da ajuda soviética e a manutenção do bloqueio norte-americano. Essa crise levou o poder aquisitivo dos salários a "llegar a ser nada en el sentido literal de la palabra" e provocou "un éxodo masivo de profesionales y trabajadores en general", especialmente em direção ao setor turístico, chegando ao paradoxo de um recepcionista de hotel ganhar mais do que um cirurgião especializado em transplante de órgãos. Ainda assim, segundo ele, esse processo não deve ser lido de forma "economicista", associado apenas às carências e dificuldades econômicas. Ele se deveria mais à "*absolutización de lo material en detrimento de lo ideológico y lo moral, lo educativo que, aunque que siempre estuvo presente en el discurso oficial, en el fondo nunca llegó a tocar tierra y echar raízes en la práxis cotidiana de alguna gente, que apeló más al individualismo y las cosas materiales, que a la solidariedad y los valores espirituales del ser humano, imponiéndose la ley del 'sálvese el que pueda y como pueda'* ".

É claro que, ao valor muito baixo dos salários, devem ser obrigatoriamente acrescentados os diversos benefícios sociais proporcionados pelo Estado, a assistência médico-hospitalar gratuita, a educação básica universalizada e mesmo a defasada *libreta* de alimentos mensal. Um médico que conhecemos num povoado afirmou que a média de médicos na zona rural é de um para cada duzentos habitantes. A dona da casa onde ficamos em Santa Clara revelou os imensos esforços do governo para resolver qualquer problema de saúde, por mais específico que seja, como o caso de uma menina da vizinhança, a qual, vítima de uma doença muito rara, foi enviada ao Canadá para ser operada, a um custo de oitenta mil dólares. Mesmo com parcos recursos e a infraestrutura hospitalar às vezes precária, acionam-se todos os esforços, e grande parte dos profissionais ainda parece partilhar um espírito solidário muito raro em outros contextos. Comparando a medicina cubana com a dos Estados Unidos, país que a senhora conhece pessoalmente, ela afirmou, revoltada, que lá a medicina "virou, vergonhosamente, um grande negócio". Para um exemplo em relação à educação e ao seu acesso, a empregada da casa em que fiquei em Havana, migrante da região mais pobre do país, "Oriente", onde fica a segunda maior cidade, Santiago de Cuba, estudou alemão e agora quer iniciar curso de chinês, "*idioma del futuro*", pagando apenas o equivalente a um dólar por mês.

Em Havana e em cidades como Cienfuegos, há muitos migrantes do sul mais pobre, população majoritariamente negra e que se dedica sobretudo a serviços domésticos e profissões como pedreiro e marceneiro. Em Cienfuegos, conheci um bicitaxista proveniente de Guantánamo, no extremo sul, que, como a empregada de Havana, envia todo mês uma ajuda para a família. Muitos desses migrantes, como em Centro Habana, vivem em verdadeiros cortiços, prédios antigos e malconservados onde alugam um quarto em situações bastante precárias. O belo filme cubano *Conducta* (*Numa escola de Havana*, em português) retrata o dilema de crianças, filhas desses migrantes ilegais, que podem perder o direito à escola e são pejorativamente conhecidas como "palestinos".

A questão da habitação também é séria, agravada por essa migração de Sul a Norte. Frequentemente várias gerações dividem o mesmo teto. Raros, entretanto, são os moradores de rua, e não vi nenhuma criança trabalhando ou pedindo nas calçadas. A empregada de Havana, na sua condição de migrante, afirma que, ao chegar a Havana, morou um tempo na rua. No *malecón* de Cienfuegos vi uma senhora aparentemente deficiente mental, descalça, indo e vindo sem parar ao mesmo tempo em que passava a mão em toda a murada do calçadão. Mas esses casos parecem exceções.

De fato, são muitos os paradoxos cubanos. Sentimo-nos muitas vezes como fora do tempo, num filme de época. Mas, concomitantemente, com algum esforço, podemos nos conceber num futuro não muito distante. Cuba pode estar nos mostrando não apenas o que o dito socialismo (não) conseguiu alcançar, mas também, quem sabe, aquilo a que estaremos obrigados a nos subordinar diante do tremendo fracasso que o consumismo capitalista nos impôs e que acabará nos forçando, no futuro, a mudar radicalmente de "modelo", contra a descartabilidade, a favor da ajuda mútua, da ação comunitária, da reutilização de materiais e da valorização da produção em nível local. Não que Cuba seja um "modelo", longe disso, mas o país muitas vezes me fez pensar no que poderemos nos transformar frente à realização da proeza capitalista de consumo desenfreado, à destruição ilimitada dos recursos e à competição a qualquer custo, que resulta numa desigualdade atroz e num tremendo déficit de solidariedade.

Certa vez, o filósofo Cornelius Castoriadis se indagou sobre o padrão de consumo em que a humanidade deveria se pautar se de fato ele fosse ("sustentavelmente", diriam muitos) democratizado por toda a Terra. A hipótese levantada era a de que esse padrão deveria recuar aos anos 1920-30. Cuba, às vezes, passa-nos a impressão de que parou nos anos 1950. Mas, por trás dessa paisagem congelada ou intensamente degradada (como em Centro Habana) e, aqui e ali, bolsões finamente restaurados, "para turista ver", Cuba conta também o orgulho de uma história única de resistência a um vizinho todo-poderoso e de democratização do acesso à educação e à saúde, que fez dele o país mais avançado da América Latina em diversos indicadores sociais e em áreas como a medicina (com pesquisa de ponta em alguns setores e atuação médica respeitada em vários países do mundo).

Mas Cuba é também a deterioração de habitações e infraestruturas públicas, é o controle da opinião e os CDRs (Conselhos de Defesa da Revolução, em nível de quarteirão), cada vez mais "pro forma". Cuba é a fila cotidiana para o transporte precário e as compras; é a restrição ao uso da Internet... É música alta todos os dias nos carros e ruas; é o cigarro permitido até em lugares fechados; é a crítica constante ao regime (ainda que em voz baixa, como a feita pela empregada da casa em que fiquei em Havana, ou mais aberta, como nos belos murais de cartunistas em Santa Clara). Mas é também, ao mesmo tempo, a incrível vitalidade, o espírito solidário e a alegria de viver, o que hoje, mesmo questionados, ainda faz dos cubanos, com ou sem "interesses", mas sempre de forma muito criativa e passional (não é à toa que gostam tanto de Roberto Carlos), um dos povos mais acolhedores do mundo.

Como afirma José Díaz na conclusão do seu *A lo cubano...*, descobre-se, ao final, "*que Cuba es una tierra encantada donde convergen todas las historias y teorias, donde las modas se transmutan y renuevan, y las razas y las costumbres se redescubren y entremezclan en el fervor de este ajiaco* [sopa, mistura] *histórico y... inconcluso que somos*".

La Habana, Santa Clara, Cienfuegos e Trinidad, fevereiro de 2015.

Trinidad

Santa Clara

Havana

Trinidad

Palmira

Cienfuegos

Trinidad

Usina nuclear abandonada

PADRÃO MEDELLÍN

Medellín

Rio de Janeiro

Medellín é uma metrópole que lembra de várias formas o Brasil, e o Brasil lembra hoje Medellín, especialmente o Rio, quando copia modelos como o das UPPs (Unidades de Polícia Pacificadora) e dos *cables* (teleféricos) nas favelas. Suas encostas tomadas por comunidades precarizadas também lembram o Rio. Do hotel onde estou, em frente à Universidade Bolivariana, diviso à noite uma imensa constelação de luzes, como uma galáxia a circundar todo o horizonte. De dia, num *recorrido* que fizemos pela cidade, foi possível verificar a intensa ocupação das encostas também pelos mais ricos, que se apropriaram de áreas como El Poblado, íngremes escarpas hoje tomadas por arranha-céus que aqui se transformam em arranha-montes: eles destroem criminosamente a vegetação nativa e as "quebradas", uma das marcas de Medellín, nascentes e vales dos diversos cursos d'água que se dirigem ao vale considerado o eixo central da cidade. Do alto da rodovia que leva ao aeroporto, situado a 30 quilômetros a sudeste da cidade, no alto das montanhas (a mais de 2.100 metros de altitude, frente aos 1.500 do centro de Medellín), tem-se uma vista panorâmica de todo o sul da conurbação metropolitana, incluindo os municípios de Itagui (255 mil habitantes) e Envigado (202 mil habitantes estimados para 2011), respectivamente o segundo e o terceiro mais populosos da área metropolitana. A zona, conhecida como "região metropolitana do Vale do Aburrá", é a segunda mais importante da Colômbia e compreende uma população de quase 3,6 milhões de habitantes.

Numa das partes mais altas da rodovia, encontramos a entrada de uma escola aparentemente isolada e, bem mais abaixo, o "Parque Comercial" El Tesoro. Segundo informações de doutorandos da universidade que nos acompanhavam, trata-se de área de residência de muitas famílias ligadas ao narcotráfico, para as quais uma escola isolada e com toda infraestrutura faz parte de suas estratégias de reprodução. El Tesoro, por sua vez, é provavelmente o mais sofisticado centro de compras da Colômbia, apresentado em seu site como "o centro comercial mais completo e moderno do país", "verdadeiro exemplo de pujança, visão empresarial e fé no futuro". Para mascarar seu caráter altamente elitista, com muitas das marcas mais caras do mundo, propõe-se como um "conceito único" de "verdadeiro parque comercial", consolidando-se como "um lugar para o encontro" que fusiona "compras, natureza e diversão" num mundo onde "cada vez temos menos espaços para a integração". Ali, de fato, naquele trecho da encosta, Medellín se segmenta mais ainda.

Nossa primeira parada foi num mirante bem posicionado numa encosta abrupta coberta por aquilo que parece ter sobrado do bosque nativo (a maior parte das poucas áreas reflorestadas é plantada com eucaliptos). Ali conversamos com um vendedor ambulante que havia acabado de instalar sua panela para produzir um refresco que mistura água quente com rapadura, à qual às vezes se acrescenta também limão, muito apreciado pela população local. Diante da passagem de uma moto em alta velocidade e num ruído ensurdecedor, ele nos contou dos "pegas" de motos realizados na estrada (muito perigosa) pelo menos uma noite por semana, mesmo proibidos e perseguidos pela polícia. O homem já presenciara vários acidentes, mas nenhum com gravidade. Às 3 horas da tarde, frequentadores locais fumam maconha sem problema, ao nosso lado.

Do mirante, logo abaixo, vimos algumas cabeças de gado de uma pequena "finca" que demonstra, já aqui, a mescla entre usos urbanos e rurais. A área mais ao alto, rumo ao aeroporto, no município de Ríonegro, está em vias de transformação de um padrão rural (produtora de hortifrutigranjeiros, especialmente) para um espaço de segundas residências, incluindo alguns moradores de El Poblado, cujo bairro também está em fase de mudança, passando de um padrão residencial mais elevado para um de classe média. A quantidade de edifícios de 15-20 pavimentos em encostas de elevada declividade surpreende. Uma das consequências dessa mudança é a instabilidade crescente dos terrenos de encosta, razão pela qual a rodovia está repleta de cortinas de plástico que indicam trechos interditados por causa de deslizamentos. Professores que nos acompanham comentam sobre a mudança de legislação relativa à ocupação de encostas, realizada a fim de atender ao interesse de alguns políticos e empresários que, assim, puderam construir seus condomínios fechados junto às montanhas, beneficiados pelo clima mais ameno e pelo panorama.

Na volta, descemos pelo meio de uma favela que me lembrou a Rocinha, no Rio de Janeiro. Ali se constrói mais um *cable* que, articulado com o eficiente metrô que atravessa todo o vale e algumas cidades além de Medellín, tornou-se modelo imitado hoje como solução de transporte para favelas de áreas íngremes, como aconteceu no complexo do Alemão e como foi proposto para outras favelas do Rio, como Morro da Providência e Chapéu Mangueira. Medellín é tudo isso e muito mais, uma das cidades de maior dinamismo demográfico da Colômbia, com milhares de *desplazados* que ali tentam se reterritorializar todo tempo, em assentamentos (considerados *invasiones*) extremamente precários. Fugindo da violência interiorana, com o domínio de grupos guerrilheiros e paramilitares, os migrantes enfrentam na grande metrópole novas formas de violência, sobretudo as das milícias, que rapidamente se infiltram nas novas áreas, cobrando taxas e exigindo fidelidade.

Medellín é um protótipo da cidade-imagem que tentou resolver seus problemas mais no campo da representação do que da prática e hoje colhe os frutos de certo retrocesso no combate ao domínio territorial do narcotráfico e das milícias. O Rio, que copiou tal modelo, parece estar seguindo o mesmo caminho.

Favela Moravia

Medellín, 2012.

BRASIL

OURO PRETOS

Ouro Preto. Pretos. Ouros. Ouro Pretos. Múltiplos espaços, territórios, lugares. A cidade-serpente que escorrega, desce e sobe morros. Ladeiras sem fim. Gargantas. Voçorocas gigantes. A serra desceu e inundou de terra o terminal rodoviário. Rocha nua. Pedras de todo tipo, ladeira abaixo, montanha acima.

A imensa laje do Itabirito no horizonte, imponente, disputada com a vizinha Mariana. Carros velhos, antigos fusquinhas, até cavaleiros ainda marcham pelas ruas da cidade. E não se surpreenda se receber um bom-dia ou um boa-tarde de quem você nunca viu antes. Minas vagarosa e interiorana ainda faz pouso em meio ao fluxo impaciente de turistas e estudantes que dinamizam a vida da cidade. Uma jornalista, comentando sobre a cidade partida que vivenciei num percurso até a periferia, me diz que pode haver três Ouro Pretos: a dos moradores, a dos estudantes e a dos visitantes. Penso que existem mais. Há espaços ocultos aqui. Muitos. Bairros pobres que também despencam ladeiras e garimpam morros, mas que sempre ficam mais ao fundo, "do outro lado"... Do núcleo histórico, patrimônio tombado, não são vistos. Atrai-me também outra Ouro Preto, a mista que nos limiares do contínuo núcleo preservado alterna o velho e o novo, o regrado e o desregrado — onde, de repente, deparamos com uma capela, uma casa ou um simples paredão de pedras centenário, como velhos fantasmas resistindo à compulsão humana pela destruição e pela mudança, ainda que para pior.

Vejo a Ouro Preto dos pobres e dos ricos, a Ouro Preto dos jovens e dos velhos (como devem sofrer nessa mobilidade constrangida), a Ouro Preto intelectualizada e do senso comum, a Ouro Preto dos que ficam e a dos que, cotidianamente, se vão (e voltam). Vejo a Ouro Preto de outros mineiros, da metrópole e das cidades menores, de outros estados — artistas e empresários, cariocas e paulistas; consigo ver até a Ouro Preto dos orientais e dos bolivianos — sim, porque até mesmo bolivianos trabalham aqui. Pra mim, no meu olhar de geógrafo, mais que o ouro ostentatório das igrejas (e aquele que conseguiu permanecer intocado nas sobras da devastação das montanhas), o que faz a riqueza de Ouro Preto é essa mistura humana, esse imenso potencial de encontros, de novas articulações e territórios que se desenham na teia da cidade. Cruzamentos inusitados que aliam o bom-dia in-esperado do habitante ainda fixado ao seu bairro, olhar atento sobre a vizinhança, com o até breve do visitante ou do migrante temporário que, mesmo com vontade, não sabe se voltará outro dia.

Ouro Preto potencializa novas redes, tramas, conexões. Espaços de criação. Não é à toa que motiva tantas manifestações culturais, eventos, festivais. Que a Ouro Preto petrificada em prédios e ruas oitocentistas, por onde circulam tantos passantes, "passageiros", esteja cada vez mais aberta ao encontro daqueles que, mais "permanentes", compõem os circuitos ocultos das periferias — "fora do eixo", como diria uma rede de artistas do evento de que participei. Se na periferia as ladeiras não oferecem tantas passagens, ao contrário, parecem obrigar o agarrar-se ao solo, marcadas por acessos precários, saídas sem retorno, é nelas que precisamos nos pautar para colocar no mapa um pouco da Ouro Preto inteira, aquela que, mesmo feita de rochas esfaceladas, repentinamente, de modo inesperado, pode nos revelar novos blocos, novas conjugações de formas a serem refeitas continuamente na luta daqueles que acreditam que a "queda de barreiras", por mais penosa que pareça, faz sempre parte da construção de novos e promissores caminhos.

Ouro Preto, na penumbra fria de uma neblina de outono, estimula a sonhar.

Ouro Preto, maio de 2012.

JALAPÃO: "TERRA DE NINGUÉM", TERRITÓRIO DE TODOS[3]

Jalapão é um nome sonoro que, apesar da origem singela, referida a uma planta comum na região, evoca lugares distantes, remotos, talvez também por sugerir na escrita uma alusão ao outro lado do mundo (o Japão)... O Jalapão real, contudo, não é mais tão isolado e longínquo, embora ainda disponha de uma acessibilidade bastante precária, como se quisesse resistir um pouco à condição de grande quisto perdido ou de "deserto", como era representado no passado.

Encravado no interior mais esquecido do antigo estado de Goiás, como um enclave em "V" nos contrafortes da Serra Geral da Bahia, constituía uma fronteira praticamente sem acessos, marcada pelo isolamento e a solidão no desencontro entre Goiás, Maranhão, Piauí e Bahia. Ali, nem os limites administrativos interestaduais eram bem conhecidos. A Coluna Prestes, em sua empreitada política pelos confins do país, teria passado pelo Jalapão em 1926.

---

3 Agradeço aos organizadores do IX Eregeo (Encontro Regional de Geografia) realizado em Porto Nacional (TO), no qual participei como palestrante e cujo convite permitiu-me estender a viagem até Jalapão, em julho de 2005.

Expedições como a do IBGE, em 1942, relatada pelo geógrafo Pedro Geiger, tentaram dar precisão ao traçado que distingue os domínios estaduais.

No final dos anos 1980, Goiás repartido, Tocantins criado, o Jalapão continuava como sua mais inóspita e recuada seara. Mateiros, município-centro da região, que só se emancipou em 1991, viu seu primeiro automóvel em 1980 e a luz elétrica em 2001. Mesmo nas "ocultas" imagens de satélite (hoje difundidas até pela Internet), o Jalapão manifesta sua individualidade, manchas mais claras de solos arenosos como pequenos fantasmas brotando nos confins dos Gerais. Estradas, poucas, tornam-se linhas brancas que se estendem sem pudor sobre as campinas e os cerrados, no meio de terrenos frágeis, incrivelmente desgastados pelo imemorial tempo dessas terras de erosão milenar — que já foram fundo de oceano — e incríveis formas esculpidas pelas chuvas, pelos rios e pelos ventos.

Aqui o trópico semiúmido contradiz a si mesmo. Brotam paisagens completamente inusitadas. Bebe-se a água mais límpida, rios transparentes de areia e arenito alternam praias paradisíacas e cachoeiras e corredeiras encantadas. O relevo é de tirar o fôlego. Os típicos e repetitivos chapadões do Brasil Central parecem nunca ser os mesmos. Brotam tabuleiros/mesetas imensas, "para grandes banquetes", e "mesas de cabeceira", mais tímidas; crescem morros-testemunho (de antigos planaltos mais extensos) com topo levemente achatado, outros pontiagudos. Todos, estivessem no oeste americano, já teriam emoldurado filmes e cartões-postais mundialmente famosos. Mas aqui não sobraram índios (os acroás, que só sobreviveram até o século XVIII) nem bisões, muito menos estradas de ferro rasgando a pradaria, embora planos houvesse, e até um engenheiro inglês (James Wells) tivesse passado por aqui, no final do século XIX, em busca de novos traçados ferroviários para o Império.

Em compensação, extinguiram-se os índios e minimizaram a etnodiversidade regional (que inclui descendentes de escravos), mas não conseguiram destruir a imensa biodiversidade, onde fauna e flora se revelam exuberantes. Nas campinas, emas parecem brotar por todo lado, e veados campeiros, mais raros e sorrateiros, são vultos por trás dos arbustos nas áreas mais altas.

À nossa frente, certa hora, corria uma seriema desesperada que, não se sabe como, conseguia ser mais rápida do que nós e seguia em linha reta, como se estivesse apostando corrida. Só levantou voo rápido e rasante (dizem que realiza um único voo por dia...) quando finalmente o micro-ônibus conseguiu ficar ao lado dela.

Ao longo das veredas na estrada que percorremos, belas cenas dignas de registro: árvores com tucanos, araras, papagaios e gaviões. Nos vales e nas veredas, abrigam-se sucuris matreiras e nas matas-galeria, ao longo dos rios, dormem as onças, pacas, capivaras e porcos-queixada. Para completar, em maior contato com a terra, uma variedade de tatus (bola, peba, canastra...) e cobras (jararaca, cascavel...) fecha o grande quadro. Sorte não terem nos contado que, ao lavarem as panelas à beira do rio, nossos companheiros de viagem viram uma sucuri de quase dois metros bem perto, dentro d'água, transparente, à noite, graças à luminosidade da lua.

Eu e uma companheira do grupo (da Universidade de Goiás) havíamos armado nossa "cama" no chão, com folhas de buriti, numa choça toda de palha, semiaberta por todos os lados. Por mais que tentasse, não conseguia dormir. Além da imaginação, que enxergava uma onça se aproximando para comer os restos de nossa janta espalhados pelo chão, como me contou certa vez um amigo, havia a realidade de uma turba de muriçocas, a outra face, amplamente rejeitada, da celebrada fauna local. Acabei indo para o micro-ônibus, imprensado no estreito banco traseiro, mas sentindo-me muito mais seguro.

A noite no cerrado, à beira de um rio piscoso e transparente, mas também semeado de correntezas e redemoinhos traiçoeiros, tem sua beleza particular. O céu, ao mesmo tempo estrelado e enluarado, é uma composição única. Os sons dos animais noturnos forjam mistérios de todo tipo, e imagina-se outro mundo ocultado pela penumbra (um boi balançando o chocalho podia ser facilmente confundido com uma grande serpente).

As noites podem ser frias no mês de julho, mesmo aqui, a 10° de latitude Sul, mas a uns quinhentos-seiscentos metros de altitude. Pela manhã, contudo, brota um sol que logo se faz inclemente, e uma caminhada depois das

10 horas tende a ser um pesado desafio. Por isso, moradores locais diziam que éramos "muito corajosos" ao topar uma caminhada de cinco quilômetros rumo às famosas dunas, em estrada de areia fofa, entre as 10 e 11 horas da manhã. Acabamos, segundo eles, batendo um recorde ao retornarmos, mesmo cansados e sedentos, em pleno sol do meio-dia. A estrada é um entrecruzar de caminhos abertos por jipes em meio aos areais e tufos de gramíneas que sustentam um cerradinho ralo, com escassas árvores capazes de proporcionar uma sombra benfazeja.

Mas tanto sacrifício é plenamente compensado quando se alcança o mais belo "oásis" do Jalapão, um lago circundado de buritis tendo ao fundo, de um lado, a imensa chapada erodida, com cones de areia branca e colorida desprendendo-se da encosta e, do outro lado, mais adiante, uma duna imensa, de quase quarenta metros de altura, barrada por um riozinho-serpente que ajuda a esculpir o formato de meia-lua pelo qual o dourado da duna se espraia. Sobe-se devagar — ainda mais depois de cinco quilômetros de caminhada —, mas a árdua subida também tem sua recompensa, e do alto se vislumbra aquela que pode ser considerada a visão mais emblemática de todo o Jalapão, uma espécie de meio-deserto, meio-savana, meio-litoral, meio-sertão — a mescla *sui generis* dos biomas amazônico, do cerrado e da caatinga, que faz a grande diferença destas paragens. Aqui, talvez como em nenhum outro lugar do mundo, reúne-se a beleza contundente e um tanto hostil das paisagens desérticas com a opulência e a diversidade da vida dos trópicos semiúmidos. Para completar, ao lado da duna, na prainha que segue o rio, com alguma ajuda podem-se identificar as pegadas de muitos bichos, de onça a capivaras, veados e preás.

Nosso "guia", além de geógrafo, é morador antigo da região, um privilégio para nós. A cada momento parece que podemos deixar a simples (e sempre embaraçosa) condição de turista para ensaiarmos alguns passos no efetivo espaço vivido dos "locais", caminhando um pouco como os andarilhos que, numa terra quase sem transporte público, dependem de carona — ou dos próprios pés — para o deslocamento cotidiano ou mesmo de distâncias maiores. Neste lugar, efetivamente, a "compressão espaço-tempo" parece ainda estar longe de chegar.

Mateiros, o único núcleo urbano dentro das zonas de preservação do Jalapão, uma das áreas de menor densidade demográfica do país, conta com cerca de mil habitantes urbanos. Duas ruas parecem resumir a cidade, e os prédios estão estrategicamente colocados nas esquinas, como se cada um pretendesse inaugurar um novo quarteirão. Há tantos vazios que uma colega se perguntava todo o tempo onde ficava o "centro". Só a festa o denunciaria: durante a noite, uma cerimônia ao ar livre de uma igreja evangélica, num som estridente para todo habitante ouvir, seguida sem interrupção por uma boate, no mesmo local e com a mesma potências dos aparelhos de som, mostrava que ali era o point, local de reunião por excelência de toda a comunidade.

Azar o nosso: a pousada para a qual "fugimos" depois do fracasso do sono na primeira noite, acampados numa sala de aula da escolinha local, ficava exatamente ao lado, e o quarto sem forro fazia com que nos sentíssemos dormindo dentro de uma boate. Sem hesitar, consegui dobrar meu colchão e transportei-o, a pé, de volta, até a escolinha, distante do alarido daqueles crentes aparentemente transfigurados. Bom sono, principalmente depois que desliguei a panela de pressão que nosso guia, mais interessado na noite mateirense, havia esquecido, fervendo a feijoada do dia seguinte, do lado de fora da sala de aula-quarto. De manhãzinha, sem que ninguém tivesse me visto sair ou chegar, voltei à pousada e coloquei o colchão no mesmo lugar. Tive de praticamente acordar a proprietária para pagar os 15 reais da diária, ou melhor, do... empréstimo do colchão.

As atrações do Jalapão podem todas ser alcançadas a partir de Mateiros, que já conta com três pousadas e pelo menos um restaurante razoável. Infraestrutura modesta para o espetáculo que é oferecido ao redor. Em direção ao norte, no rumo de São Félix do Tocantins, que dizem ser o município com o menor IDH do Brasil, ficam três outras atrações: a pequena e simpática cachoeira da Formiga, com ótimo banho e excelente massagem para as costas; o impressionante Fervedouro, onde ninguém afunda, uma nascente ("ressurgência") de pressão tão forte que nos deixa "flutuando" sobre nuvens de água e areia; e Mumbuca (nome de uma espécie de abelha local), comunidade matriarcal centenária de 165 pessoas, descendentes de ex-escravos baianos, popularizada pelo artesanato com capim dourado (só encontrado na região), hoje vendido em grandes butiques do Rio e São Paulo e famoso até no exterior.

O espaço do Jalapão, para alguns tão retirado, para outros consegue mostrar que a globalização, legal ou ilegalmente, alcança hoje os mais recônditos cantos do planeta. Ainda antes da "descoberta" turística e artesanal do final dos anos 1990, que levou o capim dourado de Mumbuca para a Europa e transformou turistas europeus e norte-americanos em figuras ocasionais do cotidiano local, já havia um outro tipo de articulação local-global: as redes do narcotráfico.

Se a paisagem natural do Jalapão é inusitada, mais inusitado ainda é encontrar, em plenas campinas próximas à bela cachoeira da Velha, miniatura de Iguaçu, um "enclave-fazenda" com ampla casa avarandada, piscina, sauna, refeitório para mais de cem pessoas e vários prédios anexos. Trata-se de uma antiga fazenda-fachada utilizada para beneficiamento de coca pelo famoso traficante colombiano Pablo Escobar, descoberta pela Polícia

Federal no início dos anos 1990. Nosso guia afirma que eles chegaram a contratar setenta trabalhadores da vizinha cidade de Ponte Alta do Tocantins para trabalhar na lavoura (mandioca ocultando cultivo de maconha). Mão de obra mais especializada e que incluía estrangeiros trabalhava na produção de cocaína. Um campo de pouso local recebia a coca da Colômbia e havia outro ponto de apoio próximo à Pedra da Baliza, na fronteira com a Bahia e o Piauí.

Todo esse aparato é emoldurado por uma vista privilegiada para o imenso horizonte das chapadas. Para acrescentar mais um toque de ambiente "fora do lugar", o governo estadual tentou, malogradamente, incentivar ali a manutenção de uma pousada. Restaram os nomes, por exemplo, Bistrô da Savana, no imenso salão que servia originalmente como depósito de produtos do narcotráfico. Ver todos aqueles prédios abandonados (embora em bom estado) faz imaginar uma cidade fantasma. Somente a beleza da cachoeira da Velha e da Prainha, nove quilômetros à frente, permite esquecer aquela aberração: um mundo global-fragmentado que até no Jalapão consegue revelar suas tantas des-conexões e in-coerências.

Cachoeira da Velha

Mas a antiga base do narcotráfico globalizado, totalmente voltada para outros circuitos, alheios à realidade dos "locais", não perturba a imponência natural da paisagem. O que fica, no final, é a diversidade e a riqueza de uma natureza que, inserindo o homem com parcimônia, fez do seu legado, por muito tempo, praticamente uma continuidade do meio, como nos velhos gêneros de vida e *pays* do geógrafo francês Vidal de La Blache.

Se a região-paisagem ainda subsiste, talvez ela tenha aqui uma de suas grandes manifestações. O novo "enclave" (aparente) que se desenha, em função da defesa da maior área de proteção ambiental contínua do cerrado (reunindo cinco unidades de conservação em 31 mil quilômetros quadrados), faz imaginar um futuro em que, numa espécie de "paisagem-relicto", lembrança de um tempo que até mesmo a comunidade de Mumbuca começa a esquecer, ela permaneça dividida entre as primeiras benesses da "modernidade", com a venda de seu artesanato (produzido hoje por toda a região), e o mergulho "tradicional" no pretenso essencialismo dos novos ritos evangélicos.

O Jalapão nascido na fama de "terra de ninguém" bem poderia reafirmar sua outra origem, a de "terra de todos", fundos de pasto de uso coletivo para "refrigério" do gado e dos vaqueiros disseminados no ameno cerrado das chapadas, território de todos e de ninguém que nos fascina justamente porque, nessa condição ambígua, consegue preservar a sua imensa diversidade.

Jalapão, julho de 2005.

SOBRAL: ESQUIZOFRENIAS DA EXCEÇÃO

O interior pobre/miserável do Nordeste. O Sertão num de seus trechos mais áridos. O cinza domina a paisagem, e o sol quase perdido do entardecer azuleja o perfil de montanhas no horizonte. Lembra lugares míticos que nunca visitei no centro do Saara — Tibesti ou Hoggar em miniatura. No solo, cabras e vacas muito magras e casas onde o silêncio parece não habitar ninguém. Nomes sonoros como Itapagé, Iratinga, Irauçuba e Caxitoré parecem todos carregar consigo a rusticidade da paisagem.

De repente, um grande açude, comprimido também pela escassez crescente de água, e a terceira cidade cearense brotando das margens do rio Acaraú, ao longe, emoldurada pela barreira da serra de Meruoca. Serras aqui formam uma combinação obrigatória, grandes maciços isolados, quais imensos icebergs no mar de caatinga (não à toa, pela simples rima, muitos deles são formalmente batizados de "inselbergs").

Sobral, conforme eu percebera depois de ouvir apresentação de dissertação em desenvolvimento na Universidade Estadual do Ceará, é uma concentração urbana que caracterizei como espacialmente "esquizofrênica". Ali, no coração do Sertão, cruzam-se os diversos momentos-mundos a que temos direito na atual era da chamada globalização neoliberal (em combinação complexa com as globalizações de controle e/ou de insegurança, onde o Estado parece retomar um de seus papéis).

Sobral tem arco do Triunfo (de Nossa Senhora), MIT (que, segundo o idealizador, inspirou a faculdade de Medicina) e Cristo Redentor. Sobral tem "revitalização" da beira-rio, tem condomínio fechado, condomínio vertical embargado (por contravenção ecológica), tem Internet grátis na praça (e em breve terá sem fio por toda a cidade). Sobral tem remoção de população pobre, tem indústria "deslocalizada", tem lavadeiras estendendo roupa nas calçadas reluzentes do parque, tem museu de arte moderna com obras de vários cantos do mundo, tem casa-museu de bispo ultraconservador que sonhava fazer da cidade sua "Pequena Roma"...

Em Sobral, é difícil reunir numa unidade os fragmentos de tantos tempos e espaços que ali se sobrepõem, como se o cruzamento do rio Acaraú, velho eixo da ordem agrário-pastoril, com a BR-222, eixo da circulação capitalista "flexível" que alimenta a Grendene, sua fábrica-plataforma de 12 mil trabalhadores, pudesse aglutinar num único nó a imensa diversidade de anseios e temores recheando, do local ao global, os intrincados percursos dessas tramas que conformam a virtual-efetiva realidade nordestino brasileira.

Às vezes penso que tudo isso é ficção, que é inadmissível — talvez impossível — a convivência de tantas contradições e de tanta ambiguidade em paisagens que, pelo menos num primeiro olhar, "não se casam" ou nunca poderiam se encaixar. Olhar um lado e o outro do rio, ou melhor, do "espelho d'água" (como é conhecido localmente) que refletiu melhor a incoerência da cidade, é olhar para dois mundos que se contrapõem visceralmente. Temos a impressão de que, vinte anos atrás, não admitiríamos tamanho contrassenso. Mas hoje, como tantas exceções se tornaram regra, é moeda corrente aceitar o imponderável. E, com isso, as contradições mais violentas, as grandes exceções, ou melhor, os grandes excessos, afloram quase que com naturalidade, pois "não natural" passa a ser não termos incoerência bruta, não termos subversão plena daquilo que considerávamos "lógico" ou "esperado".

Hoje, o previsível é o imprevisível. Encontrar Internet grátis, sem fio, para todos os que não têm computador, nem transporte público, nem esgotamento sanitário; construir parques assépticos, museus e bibliotecas arquitetonicamente ostensivos, de "primeiro mundo", com cascatas de água límpida que se projetam sobre um lago poluído por esgotos sem tratamento onde resistem lavadeiras analfabetas corando roupas sobre as calçadas impecáveis do parque... Paus-de-arara e mototáxis suprem a crônica deficiência de transporte público; postos de saúde ajardinados com médicos mal-remunerados denunciam o que vale mesmo é a imagem.

Pobres e ricos olham a margem esquerda do rio e se vangloriam, irmanados na sociedade do espetáculo que reluz na contraface da verdadeira margem, a daqueles relegados à eterna luta pela sobrevivência nas periferias que ninguém acaba colocando no mapa (aquele da cidade de poucos, desenhado na calçada em frente ao museu). No mundo sobral-mossoró-caruarense, quase tudo é imagem. Vendemos não apenas a força de trabalho que a Grendene usufrui por menos da metade do salário que pagaria a seus trabalhadores no Sul, mas também as imagens edulcoradas, "fora do lugar", esquizofrênicas, que a cidade oferece, enquanto exceção diuturnamente refeita. Sobre o velho beco de certa tradição política pairam óvnis sem sentido — aqui o fazer sentido, a lógica, é agora a exceção. Faz-se política, literalmente, olhando para o espaço (fora do lugar).

Precisamos conviver com o inusitado, com a aparente surpresa que, por ser tão comum, acaba não surpreendendo mais ninguém. Sobral me surpreende porque ainda sou daqueles que gostariam de ver alguma coerência nas atitudes políticas dos que primam mais pela sutileza nada ostensiva da maior igualdade do que pelos impactos esquizofrênicos da exceção — agora feita regra.

Sobral, novembro de 2007.

DESMESURA AMAZÔNICA

A grandeza amazônica esparrama-se lá embaixo aplainando tudo. Belém surge então como miragem, a derradeira invasão humana a abrir os portos das imensas artérias de água doce irmanadas a uma inominável floresta. Sensação da desmesura brasileira. Percorri o país de Sul a Norte nestes últimos dias e ainda tive a chance de confrontar nossa compleição física conjugada à sensação de "império" vivida por nossos vizinhos argentinos. Visto da Argentina, nosso gigantesco triângulo se abre em leque, e a cunha argentina só não parece um apêndice por efeito da projeção de Mercator. Deixo Buenos Aires, Campinas, Rio, Salvador, e me embrenho nas matas e labirintos aquáticos de Cametá, no vale tocantino.

Deixo Belém brilhando de vitalidade metropolitana no horizonte, e a noite equatorial no rio-estuário chega mais rápido do que penso, mergulhando completamente na escuridão o outro lado. Margem que, pela amplidão dos rios (que de conexões também viram barreiras), consegue sobreviver à mão inclemente do homem. O barco vai rasgando a cegueira impiedosa da noite e penetrando no âmago da selva, entre furos e rios-mares que agora, sem luz, se mesclam e se desfazem como se todas as cores, unidas, cochilassem. De repente, depois de uma curva, uma miragem: Barcarena e suas luzes de objeto não identificado, outro tipo de cegueira, terminal portuário e indústria de alumínio que, em escala de gigante, parece uma construção sobre-humana vingando a opulência do rio-floresta. Do nosso lado, um enorme navio, também fosforescente, impõe uma onipotência tirânica. Mas o delírio é breve. Luzes cegantes que, tão repentinamente quanto emergem, desaparecem. Voltamos ao nosso barco de compleição humana frente ao domínio irrestrito e silencioso da floresta.

Percorrer o barco é uma curiosa aventura, principalmente para um marinheiro de primeira viagem amazônica como eu. A maior parte está tomada de redes, que se cruzam em todas as direções. Redes e gente. Gente que parece em simbiose com as redes. Redes de descanso, redes de leseira, redes de índios que um pouco, ali, parecem todos (assim fossem...). A sofrida vida desses caboclos até aparenta doce. Como os rios. Mas fico sabendo que os rios aqui também sofrem influência do mar. Há marés até rio Tocantins adentro. Será salgada, também, a vida desses caboclos? Eles cumprem outro ritmo, bem distinto do meu. Às vezes, acho que ainda conseguem sustentar o ritmo de si mesmos. Para alguns, pelo menos, o compasso dos rios e da floresta ainda se impõe. Ritmo cadenciado, introvertido... ou nem tanto. A vida amazônica, reclusa e sombria no seio da mata, pode logo se abrir no horizonte ensolarado e sem limite das águas. O comedido barco a remo também dá lugar às desatinadas "voadeiras".

Com sorte, a maré que subia acelerou nossa jornada, e cumprimos o trajeto Belém-Cametá em menos de dez horas. Valter, companheiro e mentor da viagem, contava animado histórias de festa: festas urbanas, muitas, profanas e/ou sagradas, e namoros voláteis, sem conta, de viagens. Consigo até esquecer a dureza da vida ribeirinha. Tantas histórias de lentidão e gozo me fazem querer retroceder no tempo. Mas nosso tempo-espaço é outro. Nem por isso me alieno dessa imaginária Amazônia festeira e, dormindo um pouco, sonho com um refrão, repetido por meu anfitrião: "Cametá é uma festa."

Cametá, 2005.

RIOS BRANCOS, RORAIMA

Um amigo me pergunta se cheguei bem a Rio Branco, em Roraima. Os/as "Rio Brancos" deste país realmente nos confundem, até porque, além do branco das águas ou dos bancos de areia, houve o imperialismo do Barão que semeou seu nome por todos os cantos do país (não é à toa que a avenida mais central do Rio de Janeiro leva seu nome). Respondo-lhe que cheguei a Boa Vista, a capital (re)planejada de Roraima, antigo território de Rio Branco, e que Rio Branco é a capital do Acre, mas, por outro lado, ele não estaria completamente enganado se colocasse um "r" minúsculo, pois estou aqui, às margens do rio Branco, que banha Boa Vista.

Roraima povoava a minha imaginação de infância pelas histórias contadas por meu irmão em sua primeira viagem para fora do Rio Grande do Sul, por meio do Projeto Rondon, nos anos de ditadura militar durante a década de 1970. Ele cursava medicina na Universidade Federal de Santa Maria e conseguiu passar três meses no campus avançado da instituição, em Boa Vista. Suas fotos à beira do rio e junto a comunidades indígenas ficaram na minha memória como um espaço distante e algo mítico de um "Brasil gigante" em processo de "integração", como era celebrado no discurso militar dominante.

Roraima, e em especial a grande montanha na serra de Pacaraima que lhe concede o nome e marca a tríplice fronteira entre Brasil, Venezuela e Guiana, carrega mesmo uma dimensão mítica, tendo inspirado, no início do século XX, o escritor Arthur Conan Doyle a escrever o clássico *O mundo perdido*. Roraima de fato fica distante, mas felizmente há um voo Rio-Boa Vista que só faz escala em Manaus (embora sejam dois check-ins diferentes, não se entende por quê), saindo do Rio às 9 da manhã e chegando a Boa Vista depois das 3 da tarde (1 da tarde, hora local no verão do hemisfério Sul). Como saí de casa às 7 da manhã para chegar ao aeroporto do Galeão, foram no total oito horas de viagem.

De Boa Vista se percebe o quanto ainda falta a "integrar" na Amazônia brasileira. Por exemplo, para ir daqui a Belém, segundo me relataram alguns professores, muitas vezes (os voos podem ser mais baratos) é preciso passar por Brasília. Só há conexão rodoviária com Venezuela ou Guiana e, no Brasil, com Manaus, 750 quilômetros de estrada, 120 dos quais dentro da terra indígena waimiri-atroari, interditada para carros particulares durante a noite, a fim de garantir a tranquilidade dos habitantes, humanos e não humanos.

A viagem Rio-Boa Vista, por sorte, teve tempo bom o trajeto inteiro, fruto da seca que não afeta somente o Sudeste e o Nordeste, mas também a região Norte. Os rios no entorno de Manaus até Roraima aparecem emoldurados por um colar de areias brancas, repletos de belas praias. Mas para muitos isso representa também transtorno, pois várias comunidades que dependem do rio e do barco como única forma de comunicação, com a baixa das águas, podem ficar isoladas. O rio Branco, que corta Roraima transversalmente, ao meio, aparece coalhado de grandes ilhas de areia branca, maiores que o próprio espelho d'água. A primeira imagem que tenho dele, quando o avião começa a baixar, é surpreendente, praticamente colado a uma grande montanha isolada da chamada Serra Grande, contrastando o intenso verde da montanha com o branco-amarelado dos grandes bancos de areia. Depois vêm inúmeras veredas, mais ou menos alteradas pelo homem, igarapés quase secos e tufos de buritis no meio do "lavrado", denominação local para o cerrado que forma os antigos campos de Rio Branco. Não há como não lembrar os belos desenhos a bico de pena do *Tipos e aspectos do Brasil*, de Perci Lau, paisagens que recheavam os sonhos de viagem da minha infância.

Boa Vista me recebe com seu pequeno e moderno aeroporto, com dois únicos *fingers* que, não sei o porquê, foram feitos como tobogãs alongados. O calor aqui, como o Equador logo ao sul indica, é abrasador, mas um vento quase constante sopra de nordeste amenizando um pouco a sensação térmica. No outro dia, a caminho da Guiana, iria perceber a força desse vento vindo do Atlântico pelo vale do Essequibo e que entra em Roraima por um vale, na verdade, um graben, entre a serra de Pacaraima e as montanhas Kanuku, no centro-sul da Guiana.

Logo de saída, professores da universidade me levam para conhecer a cidade, começando pela área "nobre", um bairro novo onde fica o grande shopping center recém-inaugurado, e o primeiro — e até agora único — arranha-céu de Boa Vista, o edifício Varandas do Rio Branco, com 18 andares e apartamentos de 160 metros quadrados. Um prédio que adquire um valor altamente simbólico, de status, numa cidade de 320 mil habitantes, ampla e incrivelmente plana, o que não justifica a verticalização. Ao lado do Varandas há terrenos à venda, totalmente desocupados. Tudo ali parece planejado, como na área central disposta na forma de leque a partir da praça do palácio do governo (um plano de 1944 que imitava Paris), mas grandes ainda são as áreas livres à espera de maior valorização para serem comercializadas.

Bem diferente é a zona oeste, mais extensa e densa, onde o contraste social é muito mais pronunciado. Nela visitamos uma ocupação precária construída sobre um antigo lixão, a primeira típica "favela" de Boa Vista na leitura de um professor de Geografia urbana. Um dos casebres ergue-se sobre a terceira e última camada de dejetos, ao lado de vários postes improvisados para os "gatos" da energia que, mal ou bem, chega até a grande maioria dos barracos. Energia, aliás, é um dos problemas de Roraima, que não se encontra integrada ao sistema nacional e, portanto, depende da energia venezuelana para o seu abastecimento. Muitas cidades do interior necessitam de geração própria, a diesel, e cortes de eletricidade são frequentes, ocasionando uma série de contratempos.

A ampla periferia pobre do sudoeste de Boa Vista inclui uma grande quantidade de migrantes nordestinos, principalmente maranhenses, paraibanos e cearenses, que chegaram com o incentivo de políticos locais, utilizando, muitas vezes, a prática clientelista de doação de terrenos. Os maranhenses, o grupo migrante mais numeroso, ainda mantêm muitas de suas tradições, incluindo festas marcadas pelo reggae. Por falar em tradição, aqui também há um grupo de gaúchos, em número bem menos expressivo, mas culturalmente influente, ocupando postos no setor de serviços (empregos públicos) e no agronegócio, os quais há tempos possuem o seu CTG, o Centro de Tradições Gaúchas, segundo relato de professores, o único no país que já teve um "patrão" cearense, o que gerou boa polêmica entre os sulistas.

Como em quase todo o Brasil, aqui também loteamento do "Minha casa, minha vida" se localiza nos limites da área urbana, circundado pelo cerrado e pelas veredas degradadas da periferia. O transporte público, relativamente caro, escasso e precário, é um dos grandes dilemas da população mais pobre.

Visitamos ainda a beira do rio, num belo pôr do sol destacando as inúmeras barcaças que, com a baixa das águas, exploram a extração de areia em todo o leito. Navegabilidade ainda assim restrita, pois há corredeiras mais ao sul, só na época da cheia, que no hemisfério Norte corresponde ao verão (na Amazônia denominado de "inverno", por ser a época das chuvas). Como em várias outras cidades com orla fluvial ou marítima, aqui também se investiu num polêmico projeto (condenado por pesquisadores da universidade) "pra inglês ver" de remodelação do cais e da região portuária.

Na nossa única capital inteiramente situada no hemisfério Norte (pois Macapá é cortada pelo Equador), em vários momentos o Brasil efetivamente precisa ser lido de forma invertida, olhando para o norte, rumo às Guianas e ao Caribe venezuelano. Além das melhores conexões terrestres serem com a Venezuela, das quais dependem os roraimenses para o fornecimento de energia, várias iniciativas evidenciam uma gradativa integração com os vizinhos do norte da América do Sul. A começar por um evento do Pibid, na Universidade Federal, que recebia um intercâmbio de 13 professores venezuelanos.

Graças ao empenho dos professores que organizam o evento da UFRR para o qual fui convidado, meus poucos dias aqui foram intensos e permitiram-me conhecer um pouco, também, o interior do estado. Numa manhã fomos até a cidade fronteiriça de Lethem, na antiga Guiana Inglesa. São

125 quilômetros quase em linha reta pelas planuras do "lavrado", o antigo cerrado roraimense, hoje em parte degradado ou transformado em pasto para o gado e alguns cultivos, como o milho, o arroz e a soja. Apenas alguns morros graníticos isolados aparecem no meio do caminho, com destaque para o Vesúvio, como é localmente conhecido um grande bloco de granito ao lado da estrada. Mais próximo à fronteira, no horizonte leste, divisa-se um grande maciço elevado do centro-sul da Guiana, as montanhas Kanuku (que, em idioma da etnia local wapishana, significa floresta). Como os grupos indígenas são os mesmos dos dois lados da fronteira, é grande a migração vinda da Guiana para trabalhar em Roraima — fala-se até que como trabalho escravo em fazendas. Um grupo de pesquisadores mapeou a "cartografia social" das mulheres indígenas guianenses migrantes e seus circuitos de sobrevivência em Boa Vista.

A fronteira é marcada pelas cidades-gêmeas de Bonfim e Lethem, unidas desde 2009 por uma ponte financiada pelo governo brasileiro, que também estuda o asfaltamento da precária estrada de mais de quinhentos quilômetros que liga Lethem a Georgetown, a capital do país. Bonfim, com apenas três mil habitantes urbanos, tem uma larga avenida que termina junto ao rio Tacutu, responsável pela divisa entre os dois países, o qual, em época de seca como esta, pode praticamente ser atravessado a pé. Aqui o controle da fronteira se resume a dois postos policiais que nem olham nossa identidade (apenas perguntam o que iremos fazer do outro lado ou, na inspeção sanitária, se trazemos alguma fruta). Em razão da facilidade de transposição pelo rio e, mais ao norte e ao sul, pela fronteira seca, é possível imaginar os múltiplos tráficos que são implementados, começando pelo de diamantes; estes, vindos da Venezuela, passam por aqui para ser exportados via Guiana, onde também ocorrem extrações, oficiais ou clandestinas, algumas com forte presença de brasileiros ilegais. Embora a lei só permita trazer da Guiana duas camisas e um par de tênis, sabe-se que são frequentes compras de até centenas de camisas (graças aos chineses, um dos principais produtos de venda são as camisas de grife falsas, como uma Lacoste vendida a 15 reais), que depois são revendidas em Manaus ou outras cidades do Brasil.

Apesar dessa permeabilidade capitalista, entretanto, em outras dimensões o "efeito fronteira" ainda é bem visível. Certamente a Guiana (ex-inglesa) representa nossa fronteira mais diversa e contrastante. Do outro lado, além de se falar inglês ou crioulo, praticam-se religiões como o budismo (comunidade chinesa) ou o hinduísmo (comunidade indiana, grupo dominante no país desde a colonização); a população é majoritariamente negra (etnia muito minoritária em Roraima) e a arquitetura lembra com frequência o estilo colonial inglês, com casas dispersas cobertas de zinco, algumas de colorido vivo e com varandas. Mas o que impressiona mesmo é a quantidade de "lojões", muitos prédios novos, meio como grandes contêineres, atestando a recente ebulição do comércio local, principalmente nos últimos cinco anos, depois da inauguração da ponte. Veremos o que acontece nesta época de crise. Outro aspecto cotidiano que surpreende os brasileiros é, logo na entrada, o viaduto que obriga a "troca de mão" no trânsito, pois se dirige à moda inglesa.

Lethem ainda lembra um posto avançado da colonização e permite uma espécie de viagem no tempo, pelo menos na parte mais antiga da cidadezinha, com casas de madeira antigas, mas nem sempre em bom estado. As mulheres se vestem muito mais discretamente que as brasileiras, e os homens usam camiseta branca por baixo da camisa, mesmo com o calor equatorial. O orgulho de ser guianense e as referências à preocupação ambiental (não sei se efetiva) aparecem em outdoors em alguns pontos da cidade. Um pequeno aeroporto dentro da área urbana permite conexões rápidas (e caras, em pequenas aeronaves privadas) com a capital, o que, de outra forma, dependendo das condições do tempo, pode durar entre 12 e 36 horas, em ônibus ou vans. Sensação de fronteira, assim, também fica nítida nas formas de conexão, mas Boa Vista sem dúvida é o principal centro de referência para os habitantes locais. Grande parte fala português e é atendida pelos serviços da capital de Roraima. Dizem que não é raro encontrarmos aqui indígenas trilíngues, que dominam o inglês, o português e sua língua nativa.

De volta à universidade encontro estudantes indígenas que me contam seus projetos de pesquisa e me convidam para visitar suas terras. Infelizmente o tempo é pouco e tenho de adiar essa "outra Roraima" para um retorno futuro. Volto com a sensação de que a nossa ignorância sobre a velha Geografia de localização de lugares, que provoca confusões como a dos rios Brancos de Roraima (e do Brasil), pode ser o indício de limitações maiores, que acabam por nos impedir de compreender, de fato, a imensa riqueza da diversidade geo-histórica e cultural do nosso país. Sem falar em vizinhos que, como a Guiana, oferecem outras pistas para conhecermos um Outro que, embora tantas vezes, ignorado, se encontra bem ali, do nosso lado.

Boa Vista, novembro de 2015.

3
LUGARES COTIDIANOS

RIO DE JANEIRO/SANTA MARIA

"ACABAR COM ESSE MURO"

Atravesso toda a cidade, ou melhor, todas as cidades. Alteram-se paisagens, ruas, morros, vales, moradias. Alternam-se classes e grupos sociais. Mudam-se a cor da pele, o estilo dos cabelos, a cor das vestimentas. As portas se abrem por mais de uma vintena de vezes, em cada abertura um público um pouco diferente. Vozes que sobem e descem. Crianças que não existem e, de repente, ocupam o vagão inteiro em correria. O trem divaga como uma imensa serpente sem órgãos, no rumo do fim-começo da cidade. Pois o "fim" do Rio é o começo de outras periféricas pólis: Itaguaí, Seropédica, Nilópolis, Meriti, Caxias — do duque —, Iguaçu — a nova. Desço, e um burburinho de vendedores ambulantes me recepciona na descida da passarela que leva a outro denso emaranhado de barracas e mercadorias, antes de alcançar os ônibus e vans com que a maioria segue mais adiante. Localizo a van que me leva à comunidade, no morro, e lembro-me do jogo que se trava ali entre opressão, preconceito, afirmação e resistência — cotidiana resistência que poucos conhecem, mas que acaba, silenciosamente, a todo momento reiterada. Primeiro, a resistência mais sutil dos tantos modos com que o cotidiano se move e, com ele, se sobre-vive. Segundo, a daqueles que, como alguns movimentos sociais, mobilizam outras maneiras de saber-fazer, a dos que, sem se perderem em utopias, mas ainda assim também movidos por elas, resolvem engajar-se e, de fato, transformar o presente, "derrubando muros".

A van só sai quando lotada. Alguns passageiros reclamam. Mas a viagem é rápida; em pouco tempo saímos da via principal e adentramos as ruas da comunidade, algumas em círculo acompanhando as curvas de nível do pequeno morro. Entradas com barreiras de cimento que definem a territorialidade do narcotráfico e pelas quais só passa a exata largura de uma van. Outro dia, um problema de energia exigiu a entrada de um caminhão da companhia de eletricidade, e a barreira teve de ceder para ser logo depois, em novos moldes, reconstruída. A impressão é a de o motorista deixar cada um diante de casa. As paradas são aleatórias; ele parece conhecer todo mundo. A porta não fecha direito, mas nem precisa, diante do constante entra e sai dos passageiros. Ajudo algumas senhoras, carregadas com pesadas sacolas de supermercado. Táxis se recusam a subir ou então triplicam o valor da corrida.

Depois de várias voltas, algumas vistas para a cidade a desaparecer no ar carregado mais embaixo e minha aparente perda de direção, chegamos quase ao ponto mais alto, onde são desenvolvidos os projetos de um movimento social. Quando desço, um grupo me olha ao longe e grita algo que não entendo, mas respondo: "Tudo bem?" Sabem que não sou daqui, onde quase todos se conhecem, mas já "entrei no clima" e me sinto como se, no dito popular, "tivesse feito conhecimento". Ao chegar, sou recebido como se já fosse "de casa" pelas lideranças locais. Hoje é dia de confraternização, e reúnem-se apoiadores e participantes mais antigos que retornam e trazem ricos depoimentos.

Num ambiente frequentemente violento, a sobrevivência de cada dia é modulada pelos ritmos do ir e vir, do fixar-se e do circular, definidos tantas vezes pelas lideranças do crime. Na última semana tudo parou durante dias inteiros, até no entorno da comunidade. A polícia havia entrado e assassinado dois traficantes "de baixa patente", sem que esboçassem reação alguma, dentro de casa, enquanto dormiam. Nenhuma linha na mídia. A morte está de tal forma banalizada que, dependendo da vítima, não gera nem registro (como afirmou uma moradora: "Desprezado, como se não existisse ao lado um pai, uma mãe, um irmão..."). E no país, dizem, houve mais homicídios nos últimos anos do que na guerra na Síria. Imagine se todos os casos fossem registrados. Entre as regras do narcotráfico, pode estar a circulação sem capacete nas motocicletas e os carros com as janelas abertas e, à noite, a luz interna ligada. Embora nem sempre explícito, o controle de quem entra é intenso. Teme-se que alguém possa passar por informante. A amiga que me dá carona de carro, na volta, comenta que sempre percorre a mesma rua e o mesmo "portal" de controle, pois ali imagina que já é conhecida. Há "olheiros" em muitas partes, às vezes ostensivamente armados sobre a laje das casas.

Não é fácil romper as fronteiras impostas pelo "poder autoritário, do mal" a que estão subordinados aqueles que vivem em muitas comunidades ou favelas do Rio. "É do mal, mas é autoridade", afirma um morador, "temos de obedecer" (e até de dar guarida ao serem forçados a abrir a porta, seja a um traficante ou à polícia que invade a área, violando a privacidade dos moradores). Aqui, o "bem e o mal", assim como o "legal e o ilegal", manifesta toda a sua ambiguidade. O "criminoso" está do nosso lado, pode ter sido nosso colega de escola e, via família, continuar os laços de amizade. Parte da polícia complementa seu salário com o "arrego" pago pelo tráfico. Sabe-se que a própria relação entre droga e crime pode variar de um contexto a outro, principalmente se considerarmos que a maior demanda se encontra nos bairros "legais" das classes média e alta.

Junto a esse cotidiano de violência e medo, há também um impressionante conjunto de ações que revela exatamente o outro lado, como se fosse o reverso, da vida na comunidade. "Ações sociais", como dizem orgulhosamente alguns jovens, ações que são capazes de "salvar outros jovens". E o termo é mesmo, literalmente, "salvar", pois se perdeu a conta das mortes que eles ainda assim tentam contabilizar, pelo menos em relação àqueles que, na infância, participaram de um programa conjunto relacionado a uma escolinha de futebol. "Acho que uns setenta por cento se salvaram", afirma um deles. E vão tecendo suas histórias. Um perdeu o pai aos 2 anos no tráfico e mudou de comunidade, mas o convívio com a violência não diminuiu. Outro perdeu recentemente a mãe, o que envolveu a precariedade do atendimento médico no local. Muitas vezes precisam fazer um longo percurso, sem transporte, a pé, porque o posto de saúde mais próximo é controlado pela facção rival, da comunidade vizinha.

Um dos jovens trabalha numa barbearia e comenta, feliz, que aos poucos foi sofisticando seu aprendizado, agora sabe fazer sobrancelha e tranças. Com recursos de um empréstimo disponibilizado por uma organização social, está expandindo seu negócio e oferece cursos gratuitos para jovens de mais de 15 anos, em uma tentativa de que não sejam seduzidos pelo tráfico. Fala emocionado do legado deixado pelo projeto comunitário de que participou durante a infância, o qual teria sido o responsável por ele ser hoje o que é. Outro companheiro fala do projeto conjunto que criaram na quadra de esportes da comunidade e que envolve muitas crianças. Há também iniciativas ligadas ao lazer, como um cinema na quadra. No entanto, são poucas as áreas de diversão, e as crianças têm de brincar na rua, local muitas vezes perigoso, pode haver risco de bala perdida. Não há nenhum lugar para jogar futebol, a grande paixão da meninada. O único descampado onde poderiam jogar se chama "faixa de Gaza", nome utilizado nas favelas para identificar a zona de fronteira entre comunidades disputada por facções rivais. Como resultado, muitos, algumas vezes, são obrigados a ficar praticamente presos dentro de casa. Mesmo assim, projetos de lazer, como aquele desenvolvido por esses jovens, conseguem ir além dos limites da favela e buscam intercâmbio com jovens de comunidades vizinhas, dominadas por outra facção. Trata-se de iniciativas inéditas, pois esse tipo de contato, arriscado, é raro.

"Precisamos acabar com esse muro", intervém uma moradora ao escutar os jovens contarem suas histórias. Recordando a participação em projeto social quando criança, um deles afirma que era visto por outros como "bobo", por frequentar a escolinha de reforço e seguir os princípios mais austeros do movimento social. "Mas foi assim que sobrevivemos." E seu agradecimento emocionado àqueles que o acolheram comove a todos. É como se ele devesse a própria vida à iniciativa daquele grupo. Agora, depois de muitos anos, voltarão a estar juntos em mais uma iniciativa na comunidade, trazendo para a quadra movimentos de outras comunidades do Rio. Por sobre os muros, para além da violência, firmam-se as pontes da solidariedade entre aqueles que, em seu caminho, conjugam a força das pequenas conquistas em um presente que arduamente refazem e a esperança, assim renovada, em novos horizontes que poderão ser desdobrados no futuro.

Complexo do Alemão

QUANDO O OUTRO OCUPA O NOSSO (O SEU) ESPAÇO

Este foi um dos momentos mais inusitados e de maior aprendizado que já presenciei no ambiente acadêmico, normalmente tão disciplinado, formal e hierarquizado. Nosso seminário, com o vistoso título de "IV Encontro da Cátedra América Latina e Colonialidade do Poder: Para além da crise? Horizontes desde uma perspectiva descolonial", transcorria normalmente e com excelentes apresentações em sua segunda mesa-redonda ou "painel". O sociólogo Agustín Lao-Montes, do Equador, havia terminado sua apresentação sobre a relação Estado e Poder (tema da mesa) nas recentes transformações políticas equatorianas e eu, como coordenador, acabara de passar a palavra ao sociólogo Edgardo Lander, que falava sobre as contradições da experiência política venezuelana. Olhando para o fundo da sala, verifiquei surpreso que um homem de pele escura e vestes cerimoniais, como um sacerdote, começava a percorrer a lateral do grande auditório com uma maraca numa das mãos e seu ruído característico, mas que não chegava a prejudicar a audição das palavras do palestrante. As pessoas sussurravam, sem entender a cena. O homem chegou diante de nós, balançando sempre a maraca, depois deu uma volta completa no salão e retornou pelo corredor central, onde ocorria a filmagem, pois o evento estava sendo transmitido diretamente pela Internet. Alcançando novamente nossa mesa, sentou-se ao nosso lado, mas no chão, enquanto todos se entreolhavam, sem saber se prestavam atenção no palestrante ou no até ali "intruso", pouco entendendo o que se passava.

A sensação inicial numa plateia "tão educada" e totalmente despreparada para o imprevisto de uma performance como aquela foi de rechaço desse Outro que, de repente e sem pedir licença, havia se instalado entre nós. Ou melhor, havia, literalmente, "ocupado nosso espaço". Mesmo com tantos movimentos inspirados nos "Occupy" antiglobalismo capitalista que se espalharam pelo mundo e que tanto discutimos e apoiamos, não contávamos com um "Ocupa" daquele tipo ali, no "nosso" espaço, do nosso lado. Enquanto o "ocupante" continuava uma espécie de ritual, sentado, retirando e trocando parte de suas vestes, um dos organizadores do evento, visivelmente preocupado, se levantara e, na dúvida se pedia ao "estranho" que se retirasse, acabou indo conversar com outros participantes, a fim de obter mais informações sobre aquela cena toda. Enquanto isso, ficava cada vez mais evidente para todos que, ao contrário de algum "louco" ou "pedinte", conforme alguns imaginaram, tratava-se de um indígena que, ali, naquele ambiente, como geralmente ocorre quando vemos um indígena com suas roupas e seus objetos, nos parece um Outro, estranho e desintegrado de nosso espaço-tempo cotidiano.

Após pouco tempo sentado, já com um cocar e sem camisa, o índio se levantou e começou a falar. Edgardo interrompeu a apresentação que fazia e passou-lhe o microfone. Era o Outro, esse Outro que envolvia os nossos discursos com toda força, mas de forma puramente teórica, que ali, para nossa surpresa, ganhava efetiva voz e ocupava seu lugar. Ele se apresentou como o líder espiritual Ash Ashaninka, de uma etnia da fronteira entre o Brasil e o Peru, e fez um breve relato da situação da Aldeia Maracanã, de onde tinham sido expulsos em nome do projeto olímpico. Falando em português e espanhol, defendeu com um belo discurso os direitos de seu povo, que recentemente conquistou uma vitória, com o apoio das manifestações populares, no recuo do Estado em seu projeto de transformar o prédio que reivindicavam (junto ao estádio Maracanã) em um Museu Olímpico. Conclamou as mulheres a participarem do 1º Encontro de Mulheres de Lutas da Aldeia no dia seguinte e convidou todos para visitarem e apoiarem a Aldeia, em defesa da Universidade Indígena. Em sua despedida, do fundo do salão, voltou a defender a criação dessa universidade, sendo aplaudido por todos.

Foi um momento único, desses de subversões que só aparecem em nossas falas e que, de repente, da forma mais inusitada, eclodiu concretamente ao nosso lado. O indígena subverteu os usos, as normas, as etiquetas, e se impôs da maneira mais emblemática, com sua cultura vertendo por todos os poros, frente a um público perplexo que, primeiro, recusando a surpresa, reagiu com indiferença (frente à crua diferença do Outro), depois, pensou em expulsá-lo (frente ao incômodo de sua ousadia) para, finalmente, dar-lhe voz na esperança de que um discurso racional pudesse enfim sanar dúvidas e buscar uma sempre esperada "explicação". Mas logo descobrimos que não havia ali apenas um teatro. Nem apenas uma lógica. Separar arte, sensibilidade e razão, esclarecimento, definitivamente, não faz parte do universo indígena. Ele primeiro, ainda que não soubéssemos, nos abençoou, protegeu e louvou nossa fala. Depois, não a interrompeu, como pensamos, mas juntou-se e embrenhou-se nela, de forma que nosso discurso se fizesse também o dele (sem que o percebêssemos, ele já dissera, ao tomar o microfone, que nosso discurso *ERA* o dele). A luta, a prática efetiva de resistência que louvávamos em nossos discursos, mais do que ter voz, se corporificou ali. A corporificação do Outro — que, de alguma forma é também uma territorialização — é muito distinta dos nossos discursos do ou sobre o Outro. O indígena se transformou na insígnia de uma luta que é também a nossa, mas que até ali estava um tanto apartada, dialogada sem o Outro, ou com Outros desfigurados naquele salão suntuoso e hierárquico. O índio corrompeu nosso espaço e fez da "nossa" universidade a sua. Bradou ali por uma universidade *também* indígena que *deveria* ser sua. Eles lutam por uma Universidade Indígena; afinal, para a "nossa", como no evento, raramente são convidados. Ash Ashaninka nos deu uma lição, e não teve como aquela mesa-redonda ser a mesma depois de sua passagem. Após um breve esclarecimento sobre a Aldeia Maracanã por parte de um dos organizadores, Edgardo Lander continuou sua fala até o final, como se tivéssemos apenas aberto parênteses. Antes de passar ao palestrante seguinte (outro grande intelectual, o filósofo boliviano Luis Tapia), tomei a palavra para compartilhar com o público a minha sensação de que algo único tinha se passado ali e que havíamos aprendido uma grande lição. O Outro nos surpreendeu e nos fez repensar em que medida a "reflexão teórica", por mais práxis que se alegue, não pode prescindir da presença concreta dos sujeitos com os quais dialogamos e com quem, afinal de contas, efetivamente lutamos. O Outro, enfim, éramos nós.

(Este relato também poderia ser intitulado, para ser fiel ao espírito do evento: "O dia em que o 'índio' nos descolonizou.")

Rio de Janeiro, agosto de 2013.

PROSELITISMO OBSCURANTISTA: DO ÔNIBUS AO ANDAIME NA JANELA

Não ter carro e andar sempre de ônibus no Rio de Janeiro tem suas vantagens, especialmente para um geógrafo, no contato direto com a realidade rica e multifacetada que recheia o cotidiano desta megacidade. Em uma dessas idas e vindas cotidianas, entre o Centro e Botafogo, fui "premiado" com a companhia de um pastor — ou pretenso pastor — que, sentado ao lado do cobrador, falou sem parar ao longo de toda a viagem. Assim que entrei, ele estava iniciando uma conversa com o cobrador, senhor idoso, que comentava sobre seus tantos anos naquela profissão. Sentei-me no banco logo atrás e percebi que a conversa, em voz cada vez mais alta à medida que a empolgação aumentava, ia se transformando em uma clara pregação em pleno coletivo. O jovem, provavelmente ainda na casa dos 20 anos, sabia de cor versículos e capítulos da Bíblia como se tivesse decorado página por página. A cada balançar da cabeça do cobrador, ele desfiava outro versículo, em uma concatenação invejável e com um palavreado muito bem construído, praticamente sem erros de português. No bairro da Glória, ao entrar outro jovem, ele levantou ainda mais a voz e, diante do sorriso do passageiro, comentou que "a boa ovelha reconhece seu pastor". Em função de o pregador não dar trégua, deixei o banco e fui para o meio do ônibus. Claramente ele não respeitava aquele espaço público, onde todos são obrigados a permanecer praticamente imóveis, lado a lado, não tendo assim a menor opção de fugir do seu clamor.

Mas mais inusitado que esse pastor em um ônibus foi a pregação de trabalhadores em um andaime na fachada do meu prédio. Cedo, logo depois que comecei a estudar no computador, verifiquei que eles se aproximavam da janela. Quando parou o barulho da movimentação do andaime suspenso, percebi que estava estacionado exatamente em frente à janela do quarto. Como a persiana estava fechada, não os enxergava, mas podia escutar claramente tudo o que falavam. E a conversa era eminentemente religiosa. Começaram discutindo sobre o fim dos tempos e seus presságios, já presentes em passagens da Bíblia que um deles se esforçava em rememorar. O outro complementava enumerando fenômenos como terremotos, tsunâmis e mudanças climáticas. Mas não havia consenso se já era mesmo o fim do mundo. Aos poucos, referiam-se a outras passagens bíblicas, e o debate enveredou pelo âmbito da "salvação": um arrependido poderia realmente ser salvo? Não houve consenso; para um, dependeria da gravidade do pecado. Como a discussão ficava acalorada, eles pararam de trabalhar, e, espiando pela persiana, verifiquei que um dos sujeitos tirava do bolso uma pequena Bíblia e começava a recitar. A partir daí, foram inacreditáveis vinte minutos de um longo trecho bíblico lido com vigor, como se ele estivesse não só convencendo o amigo, mas pregando não para as paredes, mas a quem por (des)ventura estivesse ali, do outro lado — como eu, que já não conseguia mais me concentrar no artigo que estava escrevendo.

Não houve como não me lembrar dos tempos de infância, quando minha irmã me convenceu a não seguir o sacerdócio (visto por mim como única alternativa segura para alcançar a "salvação"), e da adolescência, quando leituras sobre outras religiões, por exemplo, o islamismo e o budismo, me fizeram abandonar o sentido do cristianismo como "única verdade religiosa". Esses jovens, na sua paixão catequizadora no meio do trabalho, também assustam. Pensei no poder do sectarismo religioso em sua confusão com a ação política ou, pior, um determinado cristianismo como "instituição total" que se impõe sobre e que rege todas as dimensões da vida. Mesmo depois de outro debate que aqueles trabalhadores travaram (já no andar de baixo) sobre amor e bondade, não consegui pensar no caráter "libertador" de certa religiosidade, cada vez mais disseminada, que só consegue dialogar com o outro quando este partilha o mesmo credo. Mas também pensei na ação de pastores que evangelizam criminosos, ainda que semeando a "verdade" de que o assassino incorpora os pecados de quem foi assassinado, como me afirmou um pastor-taxista em São Paulo. Lembrei ainda os assaltantes de Angola que sequestraram um padre para absolvê-los logo após o crime e já não sei mais que relações construo com essas múltiplas religiosidades humanas.

Apesar do maior respeito que tenho pelas práticas religiosas, enquanto ações disseminadoras de amor e solidariedade, não há como admitir proselitismos escancarados. Para o jovem do ônibus, Cristo era a única salvação, e o diabo, nas palavras dele, encarnado em forma de "gatinho, sorrateiro", estaria infiltrado por todo canto nestes nossos "tenebrosos últimos dias". De repente, ao falar outra vez desse diabo oculto e traiçoeiro, o cobrador completou: "Sérgio Cabral!" Tive vontade de gargalhar, mas me contive. Eles levavam tudo muito a sério. O "pastor" concordou, reafirmou essa condição em nome de outros políticos, e só fiquei pensando nas contradições da ascensão de Marina em nome dos evangélicos.

Ainda bem que eu estava prestes a descer quando veio a mais retrógrada expressão de obscurantismo: "A única sabedoria é a espiritual, não a terrena. A ciência corrompe os homens, já dizia Tiago no versículo... " Não sei de onde ele tirou essa leitura, pois que eu saiba a ciência só apareceu no mundo moderno, mas, se falamos de "saberes" e concluímos, simplificadamente, que o "saber terreno" pode se restringir hoje à ciência moderna, e se o jovem pastor afirma que ela é simplesmente a "fonte de todos os males", como acrescentou depois, o melhor é tentar sair do ônibus.

Porém, sem ignorar o quadro assustador em que outros pretensos pastores como esse podem continuar, em outros coletivos, a profanar a liberdade e a multiplicidade de nossos espaços (quase) públicos. Na sua difamação genérica e simplista das conquistas da ciência se desenha um mundo estreito e cerceador, tão ou mais violento que este mundo político-econômico onde estamos mergulhados.

Portanto, é preciso estar atento ao fato de que a luta pela transformação social não passa apenas pelo combate às violências política e econômica, mais "objetivas", mas também pelo desmonte dessas violências simbólicas, mais subjetivas e sutis que, às vezes, sob signos de aparente pacifismo e bondade (apassivadora), depois de profundamente instaladas em corações e mentes, podem só ter olhos para o seu deus e o seu credo, impedindo assim qualquer possibilidade de reflexão e diálogo.

Rio de Janeiro, julho de 2013.

DA MISCELÂNEA CARIOCA-BRASILEIRA À PRIVATIZAÇÃO DA PAISAGEM PELA FIFA

Largo livros, computador e correção de provas. Afinal, é sábado, já são 2 da tarde e ainda tenho que almoçar. Percebo a temperatura amena lá fora, e o Cristo reluzente tomando sol. Às vezes esqueço que moro no Rio. Há quanto tempo não caminho na praia? Tomo o 162 e, em surpreendentes quinze minutos, estou em Ipanema. Tudo bem que o motorista não respeitou alguns sinais e acenos por parada, e uma passageira reclamou da aceleração nas curvas, mas no Rio isso é componente indissociável da paisagem.

Turistas argentinos desavisados descem na Praça General Osório esperando a "feira hippie", mas lhes informo que ela só aparece aos domingos. Sigo para o meu almoço no restaurante "Natural", aonde há tempos não ia. O cardápio continua praticamente o mesmo, pleno de saladas e peixes, e o guaraná natural também, mas só ele resistiu à inflação, valendo ainda módicos dois reais. A rua, entretanto, fechou; as obras do metrô outro dia fizeram tremer prédios, assustando os moradores, muitos ônibus foram desviados para a praia e o tumulto aumentou, como quase em todo canto nesse Rio pré-Copa e pré-Olimpíadas, que o turista vai pensar que é um imenso canteiro de obras, sem prazo pra acabar.

Sigo em direção à praia e, felizmente, a diversidade carioca-latino-brasileira ainda está bem representada, mesmo às portas das assépticas lojas de grife da Garcia d'Ávila. Vendedores ambulantes se sucedem em suas estratégias de ocupação flexível do espaço, mas no Arpoador tomaram uma faixa contínua da calçada, virando quase permanentes. Parece que "los hermanos" desceram todos pra cá antecipando as vendas na Copa. Corpos de diversas cores e formas desfilam no calçadão de Ipanema. Mas o de Copacabana sempre foi mais democrático e admite uma gradação maior. O verde-amarelo começa a se impor. Um vendedor de bandeirinhas parece já festejar uma vitória ao se aproximar dos carros e ônibus para oferecer seu produto. Camisetas da seleção são presença obrigatória. E até o malfadado Fuleco aparece esculpido ao lado de bumbuns exagerados de mulatas de areia abençoados, no alto, por um Cristo segurando a bandeira do Brasil. Cardápios diversos se sucedem, do vendedor de amendoim com sua torradeira "em tempo real", fumegante, aos "tonéis" de mate com limão que acabam com a coluna de qualquer vendedor. E o verde-amarelo também marca presença pela quantidade de gente comendo milho cozido, uma iguaria bem "latino"-brasileira.

Faço um desvio no Arpoador, imaginando os últimos raios de sol emoldurando a enseada de Copacabana. Mas ali o espaço de exceção da Copa-FIFA me reserva a mais ingrata surpresa: a praia de Copacabana completamente ofuscada por uma construção em forma de caixa gigante que, ostensivamente, se projeta sobre a avenida Atlântica em direção ao forte de Copacabana. A avenida continua a fluir como se fosse em túnel sob a impiedosa estrutura. Lembro-me de ter lido um tempo atrás sobre a decisão de improvisar essa excrescência para que a imprensa internacional tivesse uma visão privilegiada e pudesse mostrar um Rio mais bonito do que aquele que projetaria se ficassem todos concentrados no isolado Riocentro, em Jacarepaguá. E a FIFA ficará logo ao lado, mais protegida, mas com a vista ainda mais privilegiada, no meio do forte de Copacabana.

É como se essa estrutura, passando por cima de todas as leis que ainda vigoram de zelo pelo caráter público da paisagem, retirasse do carioca, em nome da excepcionalidade do tempo da Copa, um pedaço de sua mais tradicional e emblemática silhueta — a orla de Copacabana vista desde o forte para quem chega do Arpoador. Agora, sob o comando da FIFA, privatiza-se até a paisagem, em nome da imagem que a mídia deve veicular do Brasil lá fora. Baixando à rua, entretanto, ninguém conseguirá extirpar a miscelânea carioca que continua dando vida — e sobrevida — a quem partilha essa "cidade maravilha, purgatório da beleza e do caos".

Rio de Janeiro, julho de 2014.

ENCONTRO COM CEM MIL

Saí de casa só, mas confiante num grande encontro (só não imaginava com 100 mil). A princípio, a frustração: uma Cinelândia quase vazia. O endereço era outro, o começo, "sagrado", era junto à igreja da Candelária. Pra minha satisfação, encontro com Sergio, colega de universidade, e dois alunos (depois viriam muitos outros).

Seguimos em direção aos manifestantes, que já estavam no meio da avenida Rio Branco. O barulho, escutado de longe e ecoando pelo desfiladeiro de edifícios, anunciava o peso da multidão. Multidão que se revelaria logo, um pouco, no sentido de Antonio Negri, um conjunto polifônico de poder e desejo. Desejos específicos de combater a deficiência (e o preço) de serviços que deveriam ser públicos (com o paralelo investimento preferencial em megaeventos), a violência generalizada (da polícia à política) e o cinismo da mídia (que em uma semana passou de bandidos para quase heróis em sua referência aos manifestantes). Desejo também mais genérico de um país, ou melhor, de um mundo diferente (apesar de deslocados "sou brasileiro, com muito orgulho..."), de um fazer política diferente (revelado no rechaço até mesmo a partidos políticos mais decentes, presentes na passeata).

Bandeiras não faltam. Mas também faltam bandeiras. Sobram cartazes. Sobra criatividade, espontaneidade. Sobra festa (até funk, de que nunca gostei, ouvi e acompanhei). E alegria contagia. Jovens redescobrem seu poder de ocupar as ruas, refazer a cidade, de retomar/retornar ao público. A grande mídia voltou atrás e transformou vândalos em pacifistas, passou a entrevistar manifestantes e a tentar (em vão, pois ela também é alvo) entender o que queriam. Até a Veja, bastião do conservadorismo nacional, mudou de rumo (mudou?).

O grande risco, nessas horas, é o oportunismo. Todos, agora, de repente, defendem o movimento. Que cresceu, nesses novos tempos, graças à mobilização-relâmpago que só as redes sociais via internet permitem. Isso assusta, tem um grau de imprevisibilidade e insegurança (para a política tradicional) que ninguém domina. É um "novo" poder do povo? Sim, mas sem exagero. Assim como brota de modo muito mais fácil, também pode ser manobrado para vários lados. Todo cuidado é pouco.

Volto para casa como se estivesse voltando da passeata de 1 milhão pelas diretas já, na avenida Presidente Vargas, nos anos 1980. E lembro que nem ela conquistou de imediato eleições diretas. Mas também lembro que já se foram quase trinta anos, e o mundo é outro. O que há de novo, hoje, para acreditar que teremos mais força? Será o jovem que traz um cartaz defendendo também os jovens turcos, do outro lado do mundo? Será o estudante, do meu lado que, instantaneamente, pelo celular, convoca muitos outros para a manifestação e que, se o transporte deixar (os corpos ainda andam na mesma — ou menor — velocidade), chegarão em poucos minutos? Será uma maior espontaneidade das diferenças, que faz com que uma aluna apresente com naturalidade sua namorada?

Sim, tudo isso tem algo de novo, e envolve conquistas (quem, no passado tecnológico dos anos 1980, imaginaria mobilizar 100 mil em menos de uma semana?). Os tempos, no plural, é verdade, são outros. Mas e o espaço, esse que dizem que resiste, que perdura, ainda seria o mesmo?

O centro do Rio sofre com o "bota-abaixo" para os Jogos Olímpicos. Demolições e remoções como nos velhos tempos. Mas a Rio Branco ainda não foi mexida. E, ao olhar para o alto, parecem até os mesmos edifícios de décadas atrás. Mas não; olhando para o chão, vejo a multidão que é outra, diversa, com cartazes quase como se cada um tivesse feito o seu — mas em individualidades que se encontram, se somam, ainda são capazes de se solidarizar e, a palavra-chave, lutar. A multidão refaz o espaço público, mas, mais do que isso, busca refazer a opinião pública, tão decisiva nestes tempos de brutal des-informação. E, se um rumo claro, agora, não está traçado, batalhemos, pelo menos, para que a liberdade deste debate seja ampliada — e que assim, efetivamente, sem retrocesso, a partir do que já andamos, um novo caminho possa ser feito ao caminhar.

Rio de Janeiro, 18 de junho de 2013.

GEOGRAFIAS DA TRAGÉDIA

Mesmo ainda sob o efeito meio paralisante da tragédia do incêndio da boate Kiss, em Santa Maria, no Rio Grande do Sul, e perplexo diante da evolução dos acontecimentos nesses dias, resolvi escrever este texto como uma forma muito particular, talvez, de exorcizar o drama em que me vi envolvido, o qual pareceu me deixar "sem armas" para qualquer ação e/ou entendimento.

Nos dois primeiros dias, depois de várias tentativas sem sucesso de voltar a me concentrar no trabalho, lendo artigos e preparando aulas, pensei que me restava enfrentar de fato a gravidade do episódio e tentar repensá-lo à luz de uma reflexão geográfica, que é aquela em que me sinto mais à vontade, pois me permite, no seu âmbito, encontrar algumas possibilidades de respostas, ou, pelo menos, de avaliar novas questões.

Existe alguma "geograficidade" em todo esse absurdo? Sim, como nas Torres Gêmeas, nos atentados de Londres, nas escolas de Connecticut ou Realengo ou em outras tragédias de algum modo não premeditadas, a geografia recheia esses eventos de tal forma que, às vezes, de tão banal, passamos ao largo e a ignoramos. Fica realmente difícil falar agora, no pulsar mais forte dos acontecimentos, envolvidos pela emoção, em "reflexão" ou "conceitos".

Mas, ainda que como uma forma de superar o emocional que nos domina, pensar e refletir com as armas conceituais de que dispomos pode ser uma forma de reler os fatos e dar-lhes algum sopro de "razão".

Primeiramente, gostaria de falar um pouco da cidade. Santa Maria faz parte da multiterritorialidade que compõe minha existência. Retorno a ela pelo menos duas vezes ao ano, e lá estão meu pai (minha mãe faleceu há três anos), uma irmã e dois sobrinhos, além de vários primos e tios espalhados por pequenas cidades vizinhas. Não há como me separar daquele espaço. Ele participa em mim com imagens fortes que se densificam na história, e cada vez que vejo a cidade e suas mudanças parece que é um pedaço de mim que, junto, se transforma. E é verdade. Eu me transformo com a região de Santa Maria na memória, como se carregasse aquele espaço em retratos de semestre em semestre ou de ano em ano. Por não se tratar de um percurso contínuo, cotidiano, algumas marcas parecem nunca cicatrizar nem se somar, mas adulteram pedaços e fragmentam a minha trajetória. Seja como for, somando ou subtraindo, Santa Maria e seus traços, que forjaram por doze anos meu cotidiano, estão em mim, e deles nunca me desfaço.

Então, quando ligo a televisão na BBC num domingo cedo, "para não perder meu inglês", como costumo dizer, e deparo com um mapa do Brasil e apenas a cidade de Santa Maria assinalada, parece ficção, ou miragem. Santa Maria nunca teria o "direito" de aparecer no mapa da BBC para o mundo inteiro. Uma subversão de toda ordem. Oportunismo da mídia? Santa Maria só tinha lugar central no meu mapa (do Rio Grande do Sul). A BBC não tinha esse direito. Muito menos a CNN ou a Al Jazira. Meu mapa acabava de virar de ponta-cabeça: Santa Maria no centro do mundo.

Santa Maria no mapa-múndi era a manchete, a notícia de abertura de todos os grandes jornais do mundo. Mas a notícia era estarrecedora: nada de algum ato político extraordinário (com tantos políticos, de esquerda ou de direita, que se projetaram dali), nada de uma ação social de destaque, nenhum ato da Igreja (lideranças religiosas também nasceram ali, e a romaria da padroeira do Rio Grande do Sul, Nossa Senhora Medianeira, é famosa), muito menos uma ação deliberada do Exército ou da Aeronáutica brasileira (com as 19 unidades do exército e a base aérea da cidade). Um incêndio — um simples incêndio, poderia ter pensado —, não, uma tragédia nunca imaginada. Falava-se então em cerca de oitenta mortos, cifra que iria assustadoramente se ampliando ao longo do dia até chegar ao inimaginável número de 231, que depois se tornariam 239. Santa Maria entrava no mapa do mundo pela porta dos fundos — ou pelo mais profundo abismo.

Como sugeriram a William Bonner, ao transmitir o *Jornal Nacional* diretamente de Santa Maria, ninguém ali esperava uma ocasião desse tipo para que ele e a Rede Globo "conhecessem" Santa Maria e a "colocassem no mapa". Ninguém poderia imaginar "entrar no mapa" desse jeito. Mil vezes preferível permanecer no seu canto, na sua condição preconcebida de cidade média, de vida média, de classe média, de tranquilidade média. Tudo em Santa Maria parecia médio.

Quanto mais eu aprendia a me identificar com o "purgatório da beleza e do caos" do Rio de Janeiro, mais voltava a Santa Maria como se estivesse retornando à província ou, ao chegar à casa de meu pai, no Campestre do Menino Deus, mais me parecia que estava chegando ao campo. Ou seja, Santa Maria, entre o centro da cidade e o bairro Menino Deus, era um meio do caminho, uma "média" entre o campo e a cidade, entre o pequeno e o grande centro, entre o desconhecido e o cotidiano. Santa Maria nunca foi pretensiosa. Contentou-se com o comércio e os serviços; nunca teve grandes indústrias. Mas sempre se vangloriou de sua "primeira universidade federal do interior do país". Do interior. Santa Maria é interiorana, mas seu ambiente estudantil faz dela, também, uma cidade "exteriorana", voltada para fora. Porém, as famílias e a vida cadenciada de classes médias zelosas também continuam ali.

Santa Maria, cidade média, é múltipla, de múltiplos territórios. Santa Maria foi ferroviária, religiosa (ainda é, mas menos católica), é militar, estudantil, conservadora e progressista. Progresso de quê? Para quem? Não importa. Santa Maria agora entrou para a história do mundo, ou melhor, para a terrível história das grandes tragédias do mundo — e, pior, das grandes tragédias da irresponsabilidade humana. Da corrupção e da ganância do mundo. Santa Maria não abriu suas portas naquela madrugada de domingo. Cidade de forasteiros, aberta para tantos, Santa Maria se fechou bruscamente num cubículo numa manhã de domingo. Santa Maria encaramujou-se, apertou-se e vitimou uma parcela de sua maior riqueza: os jovens que forma nas suas várias instituições de ensino superior, UFSM à frente, os quais, com todo orgulho, espalha pelos quatro cantos do país e países vizinhos. Discretamente. Agora não. Como num grande escândalo, a cidade explicitou o poder da negligência, do descaso, da incompetência (de alguns, mas que agora representam e exportam a sua única grande, global e midiática imagem).

Mas, de um modo mais estrito, o espaço, a geografia, onde ficam? Alguém poderia pensar que a geografia não tem lugar nesta história. Mas tem, e como. Se olharmos bem, é de espaço que se fala desde o início. É de um prédio impermeabilizado que se fala. É de uma cidade transtornada, é de prédios hospitalares superlotados, é de helicópteros que levam feridos a Porto Alegre, é de um ginásio improvisado como IML e depois como capela mortuária. Espaços aqui e ali, espaços-barreiras, espaços-conexões, espaços de passagem, espaços de fixação ou repouso (alguns para sempre).

No fundo, nada neste mundo é sem espaço. O mundo é espaço. Nossas vidas são espaços, exigem espaço, preenchem espaço, fazem espaço e se fazem como espaços. Não há saída sem espaço. E no espaço da boate não havia saída, ou tinha uma, minúscula, parcialmente vedada, vetada por seguranças que precisavam fazer valer a ganância do patrão, ou por grades de ferro que "disciplinavam filas" do lado de fora. Quando falamos que o espaço da boate não tinha saída (suficiente), saídas de emergência, ou que a saída principal estava parcialmente bloqueada, estamos nos referindo a um espaço que constitui o prédio, a materialidade que intervém na ação, na mobilidade humana, de forma decisiva. Foi por falta de espaço — como liberação, saída —, e por excesso de espaço — como barreira —, que a tragédia alcançou tamanha dimensão.

Esses espaços, portanto, não são nada abstratos. Não são uma planta concebida e/ou desenhada no papel. Mas já o foram um dia. Quem traçou no papel o esboço daquele espaço, quem projetou e quem demandou e aprovou aquelas linhas, incluindo as repartições, as portas, as saídas, também estará envolvido para sempre nesse drama muito concreto do espaço efetivamente construído/usufruído e, hoje, sofrido, terrivelmente sofrido. O espaço é sofrido? Não, obviamente o espaço em si mesmo não é "sofrido", mas é sofrido por nós, sujeitos dotados de carne e osso, que, ao tocá-lo, ao incorporá-lo, pensamos e sentimos. Ou, falando de um modo metafórico, o próprio espaço sofre com nossos equívocos, com nossas ações unilateralmente "humanas" – quando pensamos que os espaços são todos feitos para o nosso amplo e quase exclusivo benefício. O espaço também é feito pelo próprio mundo; ele já estava aí quando chegamos. Não temos o direito de abusar de seu uso, de despender tanta energia e não recompô-la. Desperdiçamos energia, desperdiçamos espaço, desperdiçamos vidas pelo mau uso — ou superuso — de nossos espaços.

A boate Kiss em Santa Maria se torna agora um modelo da má concepção e do mau uso do espaço. Nem mesmo a mais estrita funcionalidade, que é a prerrogativa mais elementar da produção do espaço, foi alcançada. Equação simples: pessoas de-mais, saídas de menos. Para completar, um labirinto interno, a ponto de se confundirem banheiros com saídas, ou de imaginarem como saídas janelas que não foram feitas para abrir.

Olhando agora para aquela fachada rígida, padronizada e sem janelas, imaginamos quantos outros ambientes assim não se reproduzem por este Brasil e pelo mundo afora. E ninguém parece perceber o perigo que está ao nosso lado. Será que Santa Maria, mais que um ponto midiaticamente destacado no mapa, poderia se transformar agora num (de mau para bom) exemplo, num paradigma contra todo esse descaso e esses abusos do indivíduo(alismo), do Estado (que não cumpre minimamente seu papel) e, sobretudo, do dinheiro (que deseja apenas o máximo de lucro pelo menor custo)?

Rio de Janeiro (Santa Maria), fevereiro de 2013.

PARIS

AS QUATRO PARIS E O ÚNICO RIO

Uma das experiências mais envolventes em Paris é vivenciar os distintos ritmos em que pulsa a vida da cidade ao longo das estações do ano — um espetáculo ainda mais inusitado para um habitante dos Trópicos brasileiros, onde o verão nunca termina. Mesmo para quem já morou no sul do Brasil, como eu, não é possível comparar o balizamento das estações aqui e no espaço subtropical com muito mais intermitências de frio e calor. Confesso que no início tive alguma dificuldade em perceber o sentido dessas mudanças. Comecei detestando o inverno, depois de uma semana paradisíaca de verão atravessando os jardins de Luxemburgo, parte do trajeto para as aulas na Maison des Sciences de l'Homme. Só fui descobrir a beleza (e a relevância) do inverno no meio da primavera... E o compasso paciencioso com que a primavera se mostra eu só fui entender nos primeiros dias de verão, aqueles poucos dias em que o calor realmente se impõe e se torna exagerado, numa cidade que parece ter sido preparada apenas para encarar dias mais frios.

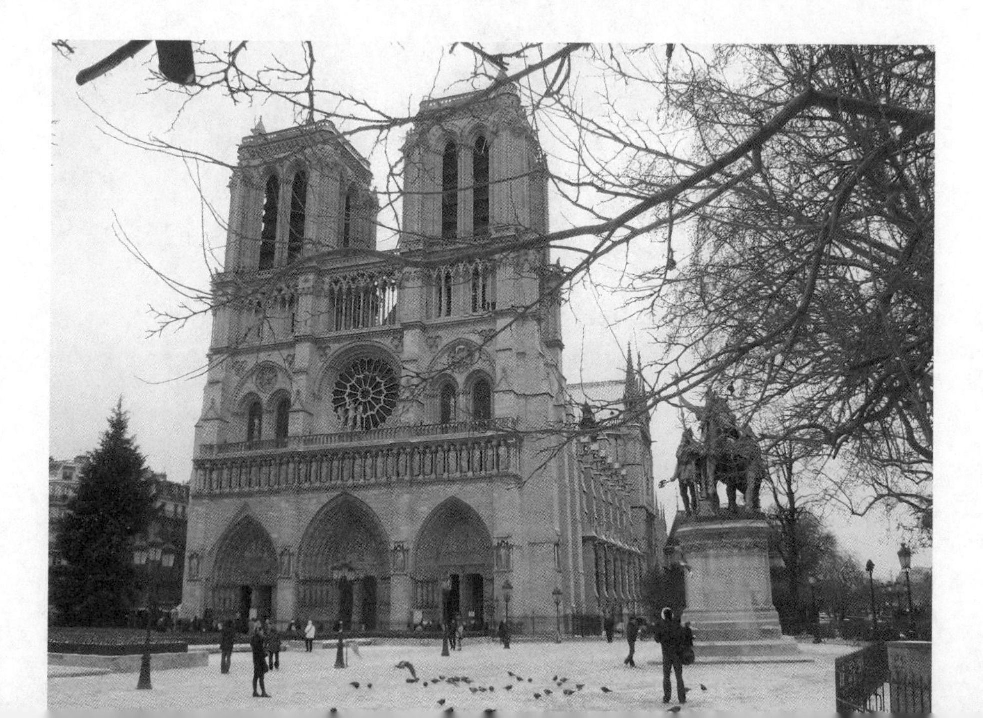

As primeiras lufadas de vento frio, cortante, me intimidavam e me constrangiam. Mas no final do inverno elas haviam se transformado em brisas benfazejas — foi preciso vivenciar o gelo de dezembro e janeiro, as chuvas constantes e os quinze dias sem sol do início de fevereiro para perceber o quão amenos eram os ventos de outubro... (e olha que o inverno de Paris, resguardado pela corrente do Golfo, é muito mais brando quando comparado ao de mesmas latitudes na América do Norte). Mas a primavera realmente redime tudo. Basta o sol, que o horário de verão leva até às 9h30 "da noite", em pleno mês de maio. A cada dia se descobrem novas folhas, novas flores, e o verde recobre mansamente o cinza da cidade. E, em meio a tudo, os parisienses, camuflados em casacos pretos e cinza, se metamorfoseiam num colorido que, acompanhando a mutação quase natural das coisas, gradativamente vai tomando conta das ruas. Tudo parece mostrar, ao longo do ano, seu verso e reverso.

Imagino uma sucessão de tempos assim num Rio de Janeiro que não conhece o verdadeiro frio e onde madames pele de onça tentam inaugurar o inverno carioca nas poucas garoas de julho. Será que os cariocas assumiriam outra identidade? E os pobres, e os que vivem pelas ruas, será que sobreviveriam? Paris é assim porque nasceu aqui. Cada cidade tem o estilo que merece? O Rio parece se dar a conhecer à primeira vista, é desleixada, violência de atração e ódio, permanentemente verde, ou congestionada. Paris flui em quatro estações, tem quatro estilos, é formal, solta-se tímida, devagar. O Rio se dá de chegada. Paris, às vezes, só se oferece quando já estamos indo embora. Ou é preciso deixar Paris (a Paris do inverno, por exemplo) para que ela revele sua verdadeira face.

O Rio é toda superfície; mostra-se logo, sensualidade à flor da pele. Rio é mais espaço, lado a lado agora. Paris é mais tempo, sequencial, outrora. Paris é toda labirinto, sete-oitocentista, detalhes que só se percebem com o tempo, parando em cada esquina. A paisagem do Rio é única, não pode ter pretensão de universalidade. Paris, nas singularidades que Haussmann ocultou, é pretensiosamente universalista. Prezo muito as quatro Paris e o (suposto) único Grande Rio que nunca vou conhecer por inteiro. Em Paris, cada estação é uma viagem. No Rio, a única estação nunca é parada. Seguindo sempre. Paixões que não se esgotam. Mundos imbricados que não se cruzam. Elos que só eu traço. E com que gosto.

Paris, 1991.

GEOGRAFIAS DE PARIS

"*C'es vrai, je suis perdu.*" Doce perdição que me desintegra-reintegra no tecido multiconsistente desta imensa massa humana e de concreto que é Paris. Mil pacotes de seis-sete andares distribuídos ao longo de amplos bulevares ou estreitas ruelas medievais: tudo aqui é contraste e padrão ao mesmo tempo. Um dos berços mais portentosos da modernidade, aqui se confrontam as utopias lineares, abertas e funcionais de um Haussmann, com os sonhos barrocos, góticos e/ou medievais da *Cité* protegida, assustadora e aconchegante. Dos resquícios romanos, em pedaços, à Notre Dame, incompleta, mas ainda praticamente intacta, poupada dos bombardeios de Hitler, tudo aqui se preserva e se refaz. Tudo se impregna de mistério, da história e das virtualidades do novo que nasce das entranhas do velho: o Beaubourg industrializou o coração anciano de Paris, o Forum Les Halles tentou implodi-lo (ficou no ensaio).

Percorro cada rua como se atravessasse muitos mundos. E perco totalmente a sensação de pertencer a um lugar — como aqui, onde nada se pertence, tudo parece cruzamento e paradoxo. Gente do mundo inteiro recheia ruas e prédios nos quais, ainda assim, se tenta forjar uma única história. A identidade que falta aos fragmentos multitemporais de Paris é reencontrada no conjunto: essa complexidade visual-arquitetônica e cultural, essa mundialização do espaço parece dotada de um incrível poder de condensação em uma escala superior, reunindo flancos, aparando arestas e fazendo desta urbe uma das raras cidades mundiais ainda dotadas de sensibilidade própria e de uma concepção pretensamente integrada do espaço urbano (quando

Beaubourg

se olha para dentro do *périphérique* que circunda a velha Paris, não para a *banlieue*, a verdadeira periferia, três vezes maior).

Não há como percorrer uma de suas ruas e não reconhecer que se está em Paris. Ainda que bastante descaracterizada em alguns *arrondissements* (como o 15e e o 14e), há sempre um prédio, uma fachada, um *tabac*, uma *charcuterie*, uma *boulangerie* ou uma *épicerie* para denunciar a presença de uma história, de uma arquitetura ou, simplesmente, da boa cozinha francesa. E esta se torna cada vez mais rara, diante da surpreendente quantidade de *surgelés* (congelados) espalhados pela cidade. Em Paris, mesmo com todos os esforços iniciais de um Haussmann, a tese de alguns modernistas (franceses, aliás) de que a forma equivale à função nunca foi hegemônica. Aqui, o detalhe e a singularidade ainda merecem crédito: um letreiro, o jeito de expor as frutas, um cartaz feito à mão, numa caligrafia caprichada... Parece que há sempre a valorização de outro olhar, que não apenas o do valor de uso-troca, o do valor estético, incorporado ao "caráter" da cidade.

Não deve ser à toa que a "alta" costura e a "alta" cozinha, das artes do visual e do (bom) gosto, são aqui veneradas com requinte. Não à toa, também, é um dos cenários símbolos da grande aristocracia e da burguesia. Comer e

Hôtel de Ville (Prefeitura)

vestir-se bem, não há tanto de subjetivo nisso? Muitos franceses tentaram objetivar essas artes. Formais, comportamentos-padrão, aprenderam, contudo, a valorizar a aparência, o "estilo" que personaliza e, ainda que sutilmente, impõe a diferença. Parece que fazem questão de manter sempre certo disfarce, e para isso a língua francesa é pródiga em formas de tratamento nas quais o *pardon* adquire múltiplas conotações.

As coisas aqui nunca parecem redutíveis à sua utilidade. Há sempre uma aura de futilidade, e o francês, às vezes com exagero, sabe muito bem cultivar certos caprichos. Parece haver uma disposição particular pra tudo. Mesmo com toda sua pretensão mundialista, há certo horror pelo conjunto, pela massa (inclusive de turistas, que tomam conta de boa parte da cidade). No dia a dia há um apego pelo detalhe, pelo pequeno, pelo sutil — ou, simplesmente, pelo belo e pelo fútil. Como na exposição (e concurso) do "melhor arranjo", o "mais belo buquê de flores" e a "mais bela cesta de frutas" no Jardim de Luxemburgo. Dá dó e fascina ao mesmo tempo ver aquela multidão de velhinhos encantada, totalmente hipnotizada pelo expert que discursa sobre a arte dos ramalhetes e dos arranjos de cestas. Lembro como "se arranjam" os meninos de rua do Rio em suas caixas de maçã Río Negro e imagino um protesto. Mas nada a ver; *pardon*, bem a seu modo, isto também é Paris.

Paris, 1991.

LONDRES

London Eye e Big Ben

LONDRES DE CHEGADA

Cheguei há dois dias, e Londres já parece minha cidade. Como pode? Vão dizer que sou o mais dissimulado dos moradores. Ou o mais moldável: todos os lugares passam e se incorporam em mim sem que me oponha. Entro no *tube* (o metrô londrino) repleto de cheiros que já havia sentido noutro tempo. Será que agora acredito em vidas passadas, em virtude dessa sensação misteriosa de quem passa como se já conhecesse este mundo num outro? O Rio de Janeiro se dilui um pouco, e em dois dias quase estou assimilando Londres como um bairro novo da mesma cidade. Trocar de casa, trocar de cidade, de país, de continente, de lugar, enfim... Como pode isso não me dizer tanto, ou, de repente, me dizer tudo, e me fazer, ao mesmo tempo, um habitante de múltiplos lugares?

A chuva fria parece a mesma que caía em Paris quando morei lá dez anos atrás. O segredo é este: Paris sim foi a Outra com quem precisei barganhar muito até me sentir em casa. Londres surge como uma segunda Paris, e ando nela como se fosse uma extensão da Cidade Luz. O inverno já não me é estranho, a correria das pessoas e o nervosismo dos atendentes parecem praticamente os mesmos. Os franceses que não me ouçam, ciosos de suas diferenças, mas a primeira impressão "latino-americana" (se é que isso existe) é de que só se troca o *pardon* pelo *sorry*. Em Paris, a língua foi um dilema, três meses de Aliança Francesa para entender o *argot*, a linguagem das ruas. Em Londres, meu inglês já se mostra quase suficiente, e (iludido) estou praticamente desistindo de frequentar um curso do idioma, como previa no início. Em Paris, antes de me fixar, quatro diferentes moradas. Em Londres, amigo na chegada, com um canto agradável onde, se quiser, já posso me considerar definitivamente em casa.

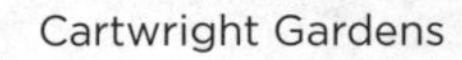
Cartwright Gardens

De qualquer forma, preciso de fato reconhecer que me des-reterritorializo com facilidade. Penso até nessa figura problemática dita cidadão do mundo, no sentido de que toda grande cidade, toda cidade global, melhor dizendo, pode ser nossa morada. Esta experiência de não estranhamento com Londres, em dois dias, revela bem a sensação de que morar em Paris ou Londres talvez não faça tanta diferença quanto previamente imaginado. A diferença, às vezes, está mais nas sensações da paisagem, numa determinada geografia. Todas essas cidades têm um traço comum além do cosmopolitismo: apesar de toda a padronização da lógica mercantil capitalista, continuam espacialmente expressivas, têm uma "cara", manifestam personalidade. Acho que não conseguiria viver em urbes de pouca "cara". Só as contradições da globalidade não bastam. São necessários os humores da paisagem, da arquitetura, da efetiva alteridade — ainda que esta, como sugere Doreen Massey, resulte mais da distinção na combinação de fenômenos do que dos fenômenos distintos por si mesmos.

O outono já está deixando Londres. Mas ainda é possível encontrar, como vi hoje numa caminhada de oito quilômetros ao largo do Tâmisa, tapetes de folhas pelo chão e algumas árvores vermelho-amareladas com as folhas prestes a cair. Andar entre as árvores à beira do Tâmisa traz uma combinação singular de sons, cheiros e imagens. O dia foi chuvoso, mas o entardecer, límpido, e a luz do sol perduraram em diversos matizes no horizonte sul por cerca de duas horas, das 4 às 6. Para muito além do cinza, do *fog*, percebo que Londres pode nos surpreender e, pelo menos aqui, envolver-nos também por suas cores.

Londres, novembro de 2002.

City londrina

O *TUBE*, OS PARQUES E A EXPRESSIVIDADE LONDRINA

Uma das coisas que mais me impressionaram logo que cheguei a Londres foi o comportamento dos ingleses no *tube*, o metrô londrino. Às vezes parece que todos sofrem de fobia social. É muito raro alguém olhar nos olhos. Estão sempre com o olhar parado em algum lugar, menos nos outros. É como se tentassem a qualquer custo fugir do olhar alheio, não olhando. Mesmo na pior hora do rush, a grande maioria dos passageiros está lendo um jornal ou um livro. E todos tão compenetrados e silenciosos que parece não existir nada ao seu redor (o silêncio sepulcral daquela multidão por vezes me assusta), até mesmo quando o metrô vira uma lata de sardinha (o que é cada vez mais comum nas horas de pico) e não há como impedir o contato físico com os outros. É impressionante o malabarismo que fazem para continuar com o livro na mão, aberto. Tenho minhas dúvidas se estão realmente lendo. Uma amiga francesa me assegurou que em Paris eles usam os livros mais como uma forma de se esconder e evitar os outros.

É interessante como, rapidamente, aprendemos a distinguir os ingleses de *outsiders* apenas pelo modo de se expressarem corporalmente. A sisudez

Regent's Canal

britânica (ou a polidez e elegância, dependendo do ponto de vista) parece se estender ao corpo inteiro. É engraçado como foi desse jeito que comecei a visualizar a noção de "expressividade" de Deleuze e Guattari, utilizada por eles na sua definição não funcionalista de território. Como o território, uma corporeidade é "expressiva" porque, primeiro, como explicita o termo, "se expressa" ou se manifesta com estilo próprio, tem uma distinção, uma "cara"; segundo, por meio da expressão de sua diferença (pois só na diferença pode haver expressão), comunica, estabelece elos, sugere novas articulações, nem que seja apenas pelo reconhecimento de contrastes.

Bem sabemos que o que alimenta o diálogo não é simplesmente a convergência, mas também divergência. O "estar de acordo" é justamente o que pode marcar o fim do diálogo. Dessa forma, muitos ingleses, literal e metaforicamente, dialogam pouco. Puxar conversa é difícil. E sempre fica uma sensação estranha de estar incomodando. Eles também podem ser menos "expressivos" porque não nos convocam pelos gestos, em geral extremamente contidos. E também pelos toques. Raramente vejo abraços. Beijo, quando há, é apenas um, e rápido, toque leve no rosto, como se estivessem pedindo licença. Talvez comece a entender por que eles gostam tanto de bebida e o quanto se transformam com ela. Movimento, e movimento diferenciado, singular, é uma das demonstrações mais claras de expressividade, como percebemos bem ao chegar a certos países; por exemplo, a Itália. Devo estar ultrassimplificando, mas, aqui, movimento "não convencional" parece existir mais sob efeito alcoólico.

Ao contrário do movimento previsível das máquinas, como o metrô, cumprindo um rigoroso papel utilitário e repetitivo, o movimento das e nas pessoas pode — ou deve — revelar sua individualidade, sua identidade. Por outro lado, estar atento aos movimentos no nosso entorno é revelador de outras "territorialidades" que para alguns passam totalmente despercebidas. Quem se esconde atrás de um livro ou de um jornal com certeza tem uma percepção de espaço e uma espécie de territorialização — ou, talvez melhor, de percepção de lugar — completamente diferente de quem está atento a toda mudança de estação e ao comportamento dos usuários ao seu redor.

Na verdade, a indiferença no *tube* londrino, obviamente, não é a regra. Só predomina em alguns trechos ou linhas, como o das três estações que vai da minha casa, em Parsons Green, até Earl's Court, tão limpo, tão padronizado, tão preto e branco (das roupas e das pessoas), de certa forma tão estereotipadamente inglês que desde o segundo dia já não me surpreendia quase com mais nada. De fato, tomado em seu conjunto, podemos afirmar o oposto: não há como ficar indiferente no metrô de Londres. Mas isso é extremamente relativo no que se refere à percepção das pessoas.

A rica diferença e a diversidade de Londres refletida no ambiente de algumas linhas do metrô podem não significar nada, não afetar em nada quem passa a viagem toda lendo (ou fazendo que lê) um livro ou um jornal. Por outro lado, quem atenta para essa diversidade pode ser profundamente tocado, influenciado por ela. Exagerando um pouco, é quase como se entrássemos em territórios e/ou lugares alheios. A italiana que fala alto, pelos cotovelos, o casal de velhinhos russos (ou do Leste Europeu) que discute animado e agradece efusivamente os bancos que lhe foram cedidos, a jovem punk com roupa rosa-choque e cabelo com faixa vermelha, cheia de piercings, o rapaz peso-pesado com um cachorrão que assusta, o casal de jovens japoneses que acaba de chegar, cheio de malas, vindo de Heathrow, falando baixinho, a mulher com tique nervoso que só olha para baixo e para cima, ritmicamente, o sikh com seu turbante impecável, a indiana com o sari multicolorido que contrasta com o preto e cinza dos ingleses, a muçulmana coberta dos pés à cabeça escondida atrás do marido... Essa diversidade diverte, emociona, assusta.

Mas, saindo do metrô, mesmo meu bairro tão asséptico e limpo, de belas casas geminadas, todas iguais, tipicamente inglesas, também tem o que surpreender um brasileiro ao longo do ano. É muito bonito, por exemplo, ver nestes primeiros sinais do verão os bares e/ou *public houses* tomados de gente nos finais de tarde (longos finais de tarde, pois o sol de junho se põe apenas às 10 horas da noite). Parece mesmo que os pubs são os lugares mais expressivos de Londres. E, pelo menos no verão, também os parques, marca fundamental desta cidade.

Tardes de sol, pra minha sorte nem tão raras nesta primavera-verão, enchem os parques e praças de gente, ocupando todo tipo de espaço, o gramado democraticamente tomado por todas as classes, algo que no Rio, fora da praia, fica "reservado" apenas aos sem-teto ou aos pobres na Quinta da Boa Vista. Lanche no parque, piquenique? Aqui é muito comum. Outro espaço público, sem dúvida. E muito mais seguro. No Brasil, até a praia, que dizemos de todos, é muitas vezes rigorosamente repartida entre classes e grupos. Também aqui há vários cantos em grandes parques segmentados por etnias, mas por vezes é mais em função do tipo de lazer do que propriamente da condição de classe. Uns jogam rúgbi, outros, futebol, outros, críquete...

Resumindo, do metrô aos parques, Londres é um caleidoscópio do mundo. Cosmopolita como poucas cidades, em Londres, se quiser, você tem o privilégio de poder escolher a cidade que prefere frequentar. Do Ocidente ao Oriente, da América Latina a Bangladesh, bares, restaurantes, casas de show, lojas, quando não bairros inteiros, você pode se surpreender em cada esquina. Ou então fazer como muitos ingleses, ficar "na sua", olhando para os mesmos jornais e livros, no metrô ou dentro de casa, frequentando sempre o mesmo pub da esquina e vestindo o mesmo casaco preto do inverno passado... Portanto, expressividade é não apenas a nossa forma própria de ser, mas, sobretudo, de confrontar e viver a diferença que está do nosso lado. Expressar-se é, também, convocar o outro a viver a nossa/a sua diferença.

NATAL EM LONDRES

Londres adormece completamente na noite da véspera de 25 de dezembro. Eu não sabia. Esperava encontrar um dia comum, como todos os outros do ano. Inventaria um dia comum, havia me prometido. Agora descubro que é impossível. Nem metrô funciona, nem ônibus, nada. Fica-se em casa ou anda-se de bicicleta. Londres retrocede no dia do nascimento de Cristo.

Talvez queiram negar por um dia a pródiga sociedade tecnológica que inventaram. Parar tudo. Coitado do turista que chegar na manhã desse dia. Vai pagar caro. Deveriam colocar um aviso em todas as agências de viagem: "Não passem por Londres em 25 de dezembro". Nada funciona. Mas há o tal espírito natalino. E, como a cidade para, ele é elevado à enésima potência. Eu não sabia. Como posso reinventar o 25 como dia comum se saio à rua e tudo me faz lembrar que é um dia diferente? Se sou obrigado a ficar em casa, a comer em casa, a... Terrível a obrigação de fazer o que todos fazem, de sentir o que todos sentem, de compartilhar com não se sabe quem o que não compartilhamos o ano inteiro... Agora percebo claramente por que várias pessoas detestam o Natal. Imagine ser forçado a ser feliz num dia prefixado, fazer banquete, dar e receber presentes, estar com a família? Pobres dos solitários, dos miseráveis, dos sem família... Nesta noite e neste dia devem se sentir muito mais infelizes, quando deveria ser justamente o contrário.

Hotel na Russell Square

Nunca pensei que fosse tão difícil estar sozinho numa noite de Natal. Meu consolo é que em Londres eles comemoram pra valer não na noite de 24, mas no próprio dia 25. Hoje, vivo a tristeza de não compartilhar a festa com a família brasileira. Amanhã, perceberei a sensação de não ter com quem comemorar na mesa dos ingleses. "Só pra contrariar", tentarei fazer uma feijoada. E, pelo hibridismo de culturas, um peru assado. Pra mim mesmo. Não sei se posso chamar isso de uma come(r)moração (do contrário, não teria mesmo o que comer...). Mas que é uma mistura muito malsucedida de esquecimento e saudade, isto é. Vontade de estar ao lado dos meus, de abraçar minhas irmãs, meu irmão, sobrinhos e, sobretudo, meus pais, septuagenários já quase encerrando a jornada. Como nestas horas somos obrigados a reconhecer que amamos tanto! Sentir tudo isso seria tão bom, não fosse o fato de estarmos a 11 mil quilômetros de distância.

Pra completar, nesta tardinha de 24, o amigo inglês com quem resido faz as malas e se despede, rumo a... o Brasil. Só pode ter sido alguma peça que me pregaram. E ele, ainda por cima, me deixa de presente um panetone Bauducco que encontrou não sei como numa loja da cidade. Vai ser minha "ceia" natalina. Tinha de ser logo com panetone brasileiro? Assim, a saudade vai crescendo em cada pequeno gesto. Tudo parece conjugado. Mas é sempre, um pouco, um "toma lá, dá cá". O vazio da saudade, ao mesmo tempo em que é preenchido um pouco, aumenta também um pouco mais. Lembrança sobre lembrança.

Poderia ter saído agora à noite — afinal, o metrô funciona até à meia-noite. Resolvo ficar em casa, e aos poucos vou confirmando o porquê: os amigos que se lembram da gente. Tem algo melhor do que isso? Definitivamente, não. E esta noite de Natal se torna, de alguma forma, uma "noite de receber os amigos" aqui em Londres. Amigos brasileiros, carinho de longe, mais valioso ainda. Amigos inesperados, amigos novos, amigos que parecem já ter toda uma vida. Ex-alunos, futuros alunos, amigos internautas... Este mundo globalizado tem suas formas de mexer com a gente. Mas, engraçado, só o que há de "globalizado" nisso é a ligação telefônica ou a mensagem eletrônica. O resto parece tão antigo, tão parte comum de todo ser humano, que sugere velhas questões da filosofia: como se houvesse perguntas-verdades para sempre e, provavelmente, as mais importantes. Pós isto, pós aquilo, os modismos passam e o humano continua, refazendo as mesmas grandes perguntas, tentando entender os mesmos sentimentos que carregou desde sempre (depois da invenção do humano, pelo menos).

E falar em humano é, aqui, falar em amizade, gratuita troca de sentimento e, como tudo que é feito sem cobrança, sincera. Amizade pra valer não exige, não marca hora, não tem "obrigação", apenas flui. Está em aberto, receptiva a qualquer hora. Prazer tranquilo e que, por isso mesmo, nunca se esgota. Com esta certeza dos amigos, uma sensação de paz toma o lugar da dolorosa saudade. Esqueço, não sei bem como, a angústia da distância e mergulho na paz inteira dos amigos. Agora sei que posso dormir tranquilo. Pra acordar amanhã, ainda cedo, e preparar minha feijoada de Natal. Sozinho, acompanhado de longe por parceiros e afetos de verdade. Muitas vezes somente a distância e a solidão permitem perceber com clareza sentimentos que, de outra forma, talvez com esta força, nunca tivéssemos partilhado.

Londres, 24 de dezembro de 2002.

A GUERRA VISTA DO MEIO

A importância da Geografia começa pelo princípio elementar de que o espaço, enquanto (também) materialidade, é não apenas condição para, mas corresponde à nossa própria existência no mundo, em toda a sua diversidade. Uma das propriedades mais tradicionais e cujo interesse não diminuiu em relação ao espaço geográfico é a chamada "situação". "Situar" significa, sobretudo, "estabelecer ou indicar o lugar de", "colocar em um contexto", "envolver em determinadas relações", em síntese, "contextualizar". Se o espaço geográfico é um conjunto des-*ordenado* de objetos e imagin-*ações*, extrapolando o "sistema de objetos e ações" de Milton Santos, é por meio das imagin-ações contextualizadas envolvendo esses objetos que ele adquire toda a sua relevância.

A ação de perceber e interpretar os acontecimentos encontra-se, portanto, profundamente moldada pelas condições socioespaciais em que estamos "situados". Assim, olhar a guerra dos governantes e militares norte-americanos e ingleses contra Saddam Hussein e considerável parcela do povo iraquiano a partir de Londres, uma das sedes do poder que tomou a controvertida decisão de iniciar o conflito, corresponde a uma perspectiva distinta e, penso, privilegiada, um pouco como se estivéssemos mesmo "no meio da guerra" (literalmente, a meia distância entre Bush e Saddam).

Perspectiva privilegiada principalmente pela dupla carga de emoção que ela proporciona. Primeiro, pela proximidade com os "tomadores de decisão" e suas cidadelas (a sede do governo inglês, ao contrário da nossa, está situada no coração de sua grande cidade global); segundo, pela possibilidade de reação imediata e mais direta enquanto cidadãos não passivos que lutam por decisões efetivamente democráticas e não de "delegados" (mal) eleitos (por uma minoria, no caso de Bush) que, ademais, não nos colocaram questões de tal gravidade durante suas campanhas.

A guerra, vista de Londres, tem outra geografia. Ela é desenhada não só pelo neoatlantismo de Tony Blair e pela Europa dividida (o que, diga-se de passagem, é saudável, num mundo de propalada hegemonia unilateral norte-americana), mas também pela multidão multicultural que emerge não se sabe bem como pelas cavernas do *tube*, vinda de "outras" cidades: a hindu, a paquistanesa, a bengali, a sikh, a iraquiana, a palestina, a nigeriana, a galesa, a escocesa, a... brasileira (por que não? Somos mais de cinquenta mil nesta cidade).

A experiência global aparentemente igualitária e multiétnica da multidão antiguerra nestes tempos anti-Bush-Blair é, talvez, a grande "geografia" nova, alter-nativa, a se desenhar agora no mapa do mundo. O Kuwait foi literalmente dividido ao meio pelas tropas americanas e inglesas. Os nômades desapareceram de metade do mapa do país. O asfalto quase sumiu também, sob os tanques e comboios. Foi a primeira grande "desterritorialização" da guerra. Mas quem se importa? A guerra vai passar, dizem uns, o asfalto será recomposto e os nômades voltarão, substituindo as tropas do exército pelas de camelos e carneiros, estes os donos "naturais" do deserto. O Iraque está sendo parcialmente devastado, os monumentos de Saddam destruídos, Bagdá tem ares de uma Hiroshima pós-moderna. Quem se importa? Amanhã as multinacionais do petróleo poderão construir templos muito mais suntuosos, *a la* Kuwait ou Emirados, no centro de Bagdá.

O verdadeiro Império americano não é exatamente "desterritorializado", como o de Negri e Hardt. Não há desterritorialização alguma nos sonhos-pesadelos maniqueístas de Bush. Em veemente contradição com os hibridismos e o relativismo pós-modernos, ele teima em dividir o mundo entre bons e maus, fiéis e infiéis, e procura agir com esse mapa-múndi deformado, mas eficaz, no qual nem sequer há lugar para a diversidade que divide o Iraque muçulmano entre xiitas e sunitas. Trata-se da mais pura e elementar territorialização: das cavernas de Tora Bora, no Afeganistão, onde o exército americano continua lutando, até as batalhas corporais nas áridas terras iraquianas. Não é apenas uma guerra tecnológica ou "cirúrgica". A realidade da dupla guerra, a de alta e a de baixa tecnologia, está mostrando sua face — em Kosovo, ficava mais difícil. Só se mostrava a guerra "do alto", "limpa", sem sangue, enquanto lá embaixo se cometiam as maiores atrocidades.

Olhar a guerra daqui, "do meio", significa ver mais de perto, lado a lado, o medo cotidiano da contraofensiva do terror, e a contagiante rebeldia das *demonstrations* que inunda de outras bandeiras a cidade. As diversidades humana e política deste movimento antiguerra surpreendem e fazem pensar. Alguns vão às ruas porque é "divertido" ou porque é uma forma de "parecer" que estamos todos juntos, respeitando a diversidade alheia. Mas talvez o maior significado, um tanto oculto, seja o dos novos sentidos que vão brotando desta nova experiência da multidão. Experiência política por excelência. E onde poder é, também, o poder de ocupar espaços.

Nossos corpos, de alguma forma, seriam também nosso "território" — uma espécie de território primeiro, diriam alguns. Lado a lado, ocupamos espaço, cada vez mais (co)habitado por outros cuja cultura não conhecemos, mas com os quais somos cada vez mais obrigados a cruzar. Ao contrário, porém, do contato "obrigatório" e "descontextualizado" (sem relações) do metrô ou dos ônibus, por exemplo, nas ruas, pela paz, ou melhor, contra a guerra, parecemos por instantes partilhar do mesmo sonho, da mesma vontade. Ali, nosso olhar para o turbante dos sikhs, para o sari das indianas, para a bandeira arco-íris dos gays ou para o chador das muçulmanas adquire outra conotação.

O grande desafio é construir outro espaço comum para além das demonstrações descontraídas das ruas. É derrubar a guerra maior que travamos também no cotidiano contra os tantos Saddams e Bushes que temos dentro e ao redor de nós mesmos. Bushes que escolhemos mal e temos de "aguentar", aviltando as desigualdades e os ódios do mundo; Saddams que massacram as diferenças e nos fazem crer que somos sempre "os melhores". Guerras que inconscientemente alimentamos, sem diálogo, sem respeito mútuo, utilizando o mesmo discurso do "nós" e os "outros" e a mesma prática da competição desmedida que faz caírem por terra nossos mais elementares valores humanos.

A guerra vista de Londres tem muito mais feição de cilada, armadilha, peça pregada meio sem querer por Bin Laden e seus comparsas que estão aqui, bem no meio de nós. Um professor de Oxford, Richard Dawkins, disse que os verdadeiros vitoriosos desta guerra serão, de qualquer forma, Bin Laden e a Al Qaeda. Saddam e Bush são seus inimigos. Se a vitória for rápida, a queda de Saddam abre as portas para a ascensão de outro governo, muito provavelmente mais aberto à ascensão de todos os islamismos, incluindo o fundamentalista. Bush, alma do fundamentalismo neoconservador da solução pelas armas, pode até ser reeleito, alimentando por mais tempo sua contraface, o (outro) terror. Se a vitória for lenta e sangrenta, mais razão ainda terá Bin Laden para se regozijar.

A guerra vista de Londres é uma guerra em todas as escalas. Talvez pela primeira vez na história um conflito bélico mexa tanto conosco e com nosso cotidiano. As informações chegam de imediato do outro lado do mundo. Ou do aeroporto ao lado, onde aviões americanos se preparam pra decolar. Mas, muito mais do que materialmente (porque a *City* londrina continua de pé), é espiritualmente que esta guerra mexe com todos nós. Talvez seja este o seu mérito: mexer com nossos valores mais caros. Mostrar que a paz não é apenas condição *sine qua non* da existência humana, mas que o espaço "de paz" partilhado por nós precisa ser urgentemente recomposto, nas bases do espaço comum de toda a diversidade humana que tais manifestações antiguerra têm evidenciado.

A guerra vista daqui, "do meio", é uma guerra cotidiana, ao mesmo tempo mais violenta e mais sutil — porque mais disseminada; mais próxima e mais distante —, porque parece envolver o mundo inteiro. O que realmente importa, e o que todos nós torcemos pra ficar no espaço-tempo deste novo início de milênio, é sem dúvida essa inédita manifestação de milhões, um grande dar as mãos que parece, às vezes, cobrir o mundo de uma ponta a outra, e dar mais de uma volta ao redor dele. Se precisávamos de ilusões, de utopias, talvez uma esteja se desenhando agora: a antiglobalização, ou melhor, a "outra" globalização tão sonhada por tantos, talvez esteja dando de fato seus primeiros passos. É preciso, mais do que nunca, acreditar. Sonhar com um mundo igualitário e cosmopolita como nessas manifestações de mais de um milhão de pessoas é sonhar com inúmeros Iraques, e EUAs e Inglaterras, mais dignos, livres de líderes prepotentes e ideologias sectárias, lutando a verdadeira guerra — especialmente aquela contra a ditadura da miséria, fundamento primeiro de toda dignidade humana.

Londres, 2003.

LONDRES DE PARTIDA

Em três semanas deixo Londres e a Inglaterra. Saudades ficam. Terei me reterritorializado aqui? Com certeza. Construí meu(s) território(s) — e também meu(s) lugar(es) — nesta cidade. A começar por este quarto, que o amigo que me alugou arranjou muito bem: minha televisão pra ver os noticiários e documentários da BBC, minha mesa ampla com luminária pra trabalhar até tarde, minha cama sem colchão, sob medida pra minhas crises de coluna, minha janela com vista pra casa de Caroline de Mônaco e o parquinho, com sol da manhã, esquentando um pouco as frias manhãs que nem tantas e nem tão frias foram. Meu lugar continua em Parsons Green, ruas de casas centenárias, iguais, uma harmonia forçada, mas que é uma alegria pros olhos, a praça de Parsons Green, neste verão cheia de gente, o pub White Horse, com pessoas saindo pelo ladrão todo fim de tarde, o meu mercadinho Budgens de todos os dias, com seu vinho francês, seu queijo holandês, seu suco de laranja Tropicana, seu salmão fresquinho, sua *rocket salad* (de rúcula) pronta pra servir, seu pão fofo de soja e linhaça, seus cookies com *nuts* e chocolate belga, sua chimia de damasco Bonne Maman e a atendente do Caribe, sempre com um sorriso. Depois pego o meu *travelcard* mensal e entro no *tube*, aquele povo silencioso, olhando pra um livro ou pro chão, aquela conexão que sempre atrasa em Earl's Court, a eficiência barulhenta da Piccadily Line rumo à Biblioteca Britânica, os atrasos da District Line pro Banco do Brasil uma vez por semana, a fim de retirar minhas duzentas ou trezentas libras, a contramão da Northern Line pra minha natação diária em Tottenham Court.

Mas, depois do meu quarto, o território onde mais me sinto "em casa" é a Biblioteca Britânica, a nossa "catedral", como diz Doreen, onde deixo grandes amigos (o bengali Gopi, os espanhóis Antonio e Estela, a velha senhora das Ilhas Maurício), onde tive grandes encontros e papos (Doreen, Jennifer, Luciana, Helion, Mauricio, Serge), onde almocei e tomei chocolate quente quase todos os dias... Parecida, mas longe de ser igual, com a biblioteca da LSE (London School of Economics) e a da Open University, uma vez por semana, em Milton Keynes, dois "templos" dos meus xerox mais baratos e acesso direto aos livros e periódicos. O campus da Open e Milton Keynes foram um capítulo à parte, "extensão" semanal ou quinzenal do meu território-rede a 70 quilômetros de Londres, local dos grandes debates, seminários concorridos, minha salinha que conquistei como *Visiting Professor*, meus amigos doutorandos, meus encontros com os professores (especialmente John Allen, Jennifer Robinson e Philip Crang). Completando o circuito deste território-rede no centro de Londres, minhas livrarias prediletas: a Waterstones, da Gower Street, voltando a pé da British Library para a

YMCA, e a Blackwells, da Charing Cross, aproveitando pra ver a fauna do Soho com o café Nero, o restaurante Stock Pot, um dos raros restaurantes baratos do centro de Londres, no qual comia todos os dias logo que cheguei, e meu cineminha predileto, The Other Cinema, de documentários consecutivos (pelo preço de uma única entrada) durante toda a tarde de domingo. Sem falar nestes museus fabulosos, gratuitos para todos, do British Museum à National Gallery, do Victoria à Tate Gallery.

Enfim, meu último-primeiro lugar: o computador, este Toshiba que, apesar de seus três quilos e da crise de coluna, ajudou tanto, companheiro de todos os dias na British Library e, ao lado do meu telefone, duas vezes por semana o contato com a família, meu elo indispensável com a outra ponta, a mais longínqua, mas a mais duradoura, da minha rede-território (agora inverto a direção...): o Brasil, os amigos, os ex-alunos, alunos que continuei orientando, mesmo de longe, colegas de departamento (poucos que me escreveram). Território complicado este, desenhado de tantas formas, com tantas pontas, mas que, dentro de Londres, era o meu percurso único, reproduzido quase da mesma forma todos os dias, e que criou uma cidade muito particular no meu espaço-tempo: com minhas marcas, meus lugares, meus caminhos, meus repousos, anseios e saudades.

Para além do coração dos amigos, nada mais vai restar de mim quando eu partir, exceto essas referências materiais moldadas um dia por outros, e a serem amanhã apropriadas novamente por outros tantos, outros que nunca vi, nem verei, mas que desenharam e desenharão como eu, de algum modo livre e muito personalmente, os seus territórios e lugares no seio desta megacidade. O que vou levar deste meu território costurado no meio de Londres será, sobretudo, a multiplicidade. O diverso que, capitalisticamente ou não, ela acolhe e reproduz como poucas cidades. Ainda hoje comentei com Gopi, e pedi a ele, mesmo em seu islamismo um tanto fechado, continuar por mim usufruindo a beleza desta extraordinária mistura humana que é Londres e o mundo que desfila e se recompõe aqui, em cada movimento. O parque Burgess foi hoje pequeno para acolher sessenta mil pessoas que nele estiveram para comemorar a alegria latina de viver. Até Gopi, muçulmano fiel, deu o braço a torcer e envolveu-se por instantes na espontaneidade e no *enjoy the life* latino-americano. Saber que outros continuarão livres, construindo e reconstruindo seus próprios territórios-lugares aqui, é o melhor da saudade que posso levar.

Londres, setembro de 2003.

GOPI E O (DES)CONHECIMENTO DO OUTRO

Gopi pensa que o Irã e em parte o Afeganistão são (ou foram) mais religiosos e, portanto, mais "corretos" em relação à fé islâmica. Gopi olha uma foto de Copacabana e se surpreende, perguntando logo se é verdade que todas aquelas mulheres ali só usam biquíni. Gopi leva meus CDs de Calcanhoto, Bethânia, Zélia Duncan e Zeca Baleiro (que ele adora), só não leva meu CD de forró porque tem uma mulher com as costas de fora na capa. Gopi leva também meu livro de Michelangelo, que eu trouxe da Itália, onde nudez é escultura. Imagino a confusão que se passa na cabeça dele, depois de tudo que lhe conto sobre o cotidiano carioca-brasileiro. A irmã de Gopi terá o marido escolhido pelo pai. Ele só pensa em ter relações sexuais depois do casamento.

Por um instante, admite que é justo o uso da burca cobrindo todo o rosto das mulheres. Discuto seriamente com ele, mas pergunto-lhe, brincando, se o que as mulheres sentem pelos homens não é praticamente o mesmo que eles sentem por elas, e se ele também não deveria cobrir o rosto e só se mostrar dentro de casa... Gopi se contradiz e acaba voltando atrás. Diz que admirava um dos líderes talibãs no Afeganistão porque ele saía à noite para ver como estavam os pobres em seus abrigos. Pergunto-lhe se não poderia ser também para vigiá-los, pois até a música por lá estava proibida. Gopi lembra logo "Baby Babylon", de Zeca Baleiro, que mexeu muito com ele e, de repente, começa a criticar os talibãs. Diz que está aqui "aprendendo", aberto a compreender nosso modo de vida, e que nunca antes havia saído do bairro da cidade em que morava, Dakha. Pergunto-lhe como pode admitir que a lei de Deus seja suprema e ainda assim querer cursar Direito; como vai julgar as pessoas aqui na Terra, com leis humanas, se Deus já as tem definidas lá de cima? Ele me conta dos vários paraísos e infernos que há no outro lado da vida. Brinco, dizendo que vou estar lá no fundo, rindo e olhando pra ele 14 degraus acima (pois são sete infernos e sete paraísos).

No dia seguinte, em mais um intervalo da Biblioteca Britânica, ele já admite que poderá também ir pro inferno. No final, esses papos todos parecem estar se transformando na minha maior lição de vida aqui em Londres. Com Gopi, ingressei no mundo muçulmano como nunca havia imaginado e, em meio ao cosmopolitismo londrino, descobri outra cidade, a dele, às vezes completamente refratária e impermeável. É possível — e como — passar imune ao cosmopolitismo, mesmo no meio deste turbilhão cultural e humano representado por Londres. Por alguns momentos penso: o que haverá de comum entre mim e Gopi? O fato de ele querer ser poeta, desenhar? O fato de ele ter ligação tão forte com sua família? A busca da simplicidade e da generosidade? Provavelmente um pouco disso tudo. Mas o que nos faz continuar amigos é, sem dúvida, a abertura, a tolerância para ouvir e dialogar e, pelo menos de minha parte, a curiosidade por aprender com a(s) diferença(s) do outro.

Um dia fui visitar sua família em um bairro tipicamente bengali do leste de Londres. A comunidade bengali londrina é a diáspora mais expressiva da cidade, envolvendo cerca de 150 mil pessoas nascidas em Bangladesh e mais do dobro de descendentes, e concentra-se no East End, especialmente em Brick Lane, conhecida como Banglatown, onde acabaram por substituir a antiga comunidade judaica local. Cheguei meio sem jeito, mas logo percebi a hospitalidade da família, especialmente da tia de Gopi, dona da casa. Um casal de crianças almoçava na pequena cozinha, para onde fomos; afinal, ele havia me convidado pra almoçar. Logo nos sentamos, as crianças foram levadas para um canto, e a tia serviu um prato de macarrão bem cheio, com um molho tão apimentado que minha primeira reação foi pedir água. Pensei na minha gastrite, mas depois relaxei. Valia a experiência, o meu primeiro contato com uma família bengali-muçulmana, e a amizade com Gopi. Assim que terminamos o almoço, aproximou-se um jovem senhor de menos de 40 anos que antes estava assistindo a um programa indiano na TV. Gopi explicou que era seu primo, casado, que também morava ali. Percebi por uma cortina que havia mais duas mulheres na casa; uma delas, a esposa do primo, só na nossa saída se aproximou para um rápido cumprimento. A outra, solteira, Gopi comentou depois, não pôde me cumprimentar, pois, além de desconhecido, também sou solteiro. Percebi que havia claramente na casa um espaço reservado para as mulheres, e, diante de visitantes como eu, somente a tia, viúva, circulava mais amplamente. Um mundo distinto, sem dúvida. Nos bares, apenas homens, praticamente nenhuma mulher. Muitas passam na calçada, todas com véu, carregando crianças no colo ou em carrinhos de bebê. Percebe-se também o quanto a natalidade aqui é maior do que em outras partes de Londres.

Outro dia, é Gopi que atravessa a cidade para me fazer uma visita. Acha meu bairro, Parsons Green, no sudoeste de Londres, caminho para Wimbledon, muito diferente e "limpo", com pouca gente na rua. Entra no apartamento, onde parece avaliar cada detalhe. Na cozinha, com certo exagero, diz que tudo é distinto de Bangladesh ou mesmo do que se cozinha aqui ao lado, no bairro dele em Londres. Sobre a comida, diz que usa mais pimenta do que sal. Mas não come carne de porco. Gopi é o retrato do universo mutante em que uma megalópole como Londres nos conclama a mergulhar. Ou quase. Sem a extroversão dele, podemos nem sair de casa. Permanecemos presos a nossa fidelidade grupal de segurança. Gopi tenta viver os dois espaços e tirar de ambos o proveito que pode. Recolhe-se ao abrigo de sua comunidade bengali ao anoitecer, quando os "perigos" da urbe divergente parecem mais incisivos. Durante o dia, no emprego temporário, trabalhando com um público muito globalizado no restaurante da Biblioteca Britânica, tem acesso a um modo de vida completamente distinto do seu, que o amedronta e atrai ao mesmo tempo. Gopi sou eu, ontem, na infância, dogmático, fascinado pela onipotência de um único Deus e da Igreja (ainda que devoto de São Francisco, santo da humildade), onde tudo passava pelo crivo do pecado, lutando contra todas as "perdições" para encontrar-se. Por isso o compreendo, e também pelo mesmo motivo tento mostrar-lhe a importância de colocar em questão muitos de seus *a prioris*.

Londres, junho de 2003.

Fevereiro de 2009: seis anos depois, reencontro Gopi na Biblioteca Britânica, onde ele assumiu o trabalho de livreiro — agora formado em Direito, mas completamente tomado pelo espírito muçulmano, quase um imã, deixando a barba crescer, orando na mesquita todos os dias. Mora, entretanto, com um antigo colega "pervertido", como ele dizia, que me pedia para trazer do Brasil revistas do carnaval, "com aquelas mulheres todas, seminuas". Lembrei e trouxe-lhe uma mais uma vez. Gopi agradece sem jeito e afirma, categórico, que seu companheiro de quarto não tem nada a ver com ele. Não sei bem o que digo e percebo que nosso distanciamento é maior, quase inconciliável. Gopi, definitivamente, parece ter cortado Londres em duas. Não há mais como ingressar no seu mundo, fechado para infiéis. Resta, quem sabe, a influência do seu *roomate*... Mas por acaso não podemos dividir o mesmo quarto, sem muros, paredes, e ainda assim não entender o outro, viver em mundos totalmente distintos, realidades completamente separadas? Tudo depende das conexões que, a partir dali, fazemos, das trajetórias que desse lugar articulamos. Lamento por Gopi, um "velho" amigo que perco, sem condições mais para dizer o que penso, sem novas ideias para começar um diálogo, pois, a partir daqui, ele será sempre o único a dizer a verdade, que, pior, já estará dada desde sempre, de antemão, do seu lado.

Fevereiro de 2010: um ano depois, retorno a Londres e não encontro Gopi. Uma semana se passa e ele não aparece para trabalhar na Biblioteca Britânica. Telefono-lhe em busca de notícias, e ele diz que está com febre, mas que na quinta-feira estará de volta ao trabalho. Como ocorre sempre que volto a Londres, acabo ficando várias tardes pesquisando na biblioteca. Ele não aparece na quinta, nem na sexta, nem no sábado (a biblioteca funciona aos sábados até às 17 horas). Nem manda recado. Outro amigo, ali, diz que Gopi nem sequer o cumprimenta e que agora "radicalizou", usando inclusive vestimenta tipicamente muçulmana. Parece outra pessoa, diz ele. Penso que perdi um amigo. Parece que Gopi, uma pena, desistiu de encontrar os Outros.

LONDRES, UM DIA

Lá se vai uma dúzia de anos em que morei em Londres. Saber que ficaram amizades firmes é compensador, construir laços duradouros numa cidade que de outra forma poderia ser somente passagem. Londres, com que Saskia Sassen inaugurou suas "cidades globais" ao lado de Tóquio e Nova York, e que Doreen Massey retratou em livro como "Cidade Mundial" (*World City*), é provavelmente, ao lado da *Big Apple*, a urbe etnicamente mais diversificada do mundo. Ontem jantei com Doreen num restaurante afegão em Kilburn, um bairro seis quilômetros a noroeste do centro londrino. Hoje me encontro com amigos que deixei aqui quando morei na cidade, um migrante japonês e outro espanhol das ilhas Canárias.

Seja nas salas de leitura da Biblioteca Britânica, seja no metrô ou na rua, Londres se revela multiétnica e multicultural. Infelizmente, porém, quase sempre há cruzamentos, no máximo funcionais, por toda essa diversidade. Como os da trabalhadora equatoriana que limpa meu quarto no College Hall da universidade, onde estou hospedado. Doreen fala mesmo de uma colombiana que encontrou no hospital onde esteve internada para uma cirurgia do braço, a qual, mesmo depois de residir há um ano na cidade, ainda não aprendeu a falar inglês (Doreen serviu como sua "tradutora" no hospital e se sentiu muito feliz por isso). Transitar de fato pelas múltiplas territorialidades que essa megacidade oferece não é tão fácil. Alguns, mais sofridos (e explorados), podem se fechar como forma de autoproteção e sobrevivência; outros, mais privilegiados, se fecham por empáfia, temores infundados e/ou conservadorismo "hereditário" (como uma herança a ser compulsoriamente preservada). Infelizmente a crise acirrou essas fronteiras. Mas, como comento com Doreen, muros, divisões e limites não são maus em si mesmos. Precisamos entender as relações que eles fragilizam (ou que, ao contrário, fortalecem). Há o momento do resguardo e da intimidade, assim como há o momento da abertura e da extroversão. A vida é este nem sempre fácil convívio entre abertura e fechamento, in-segurança e des-ordem (sempre duplas) que nos fazem conhecer o Outro construindo a nossa própria singularidade.

Millenium Bridge

O restaurante afegão, de família muçulmana e donos que são vizinhos de Doreen, não vende bebida alcoólica, mas aceita que se leve. Compro um bom vinho francês e brindamos o prazer do encontro que realimenta o corpo e a alma de uma amizade que perdura e, surpreendentemente, mesmo na efemeridade do estar juntos, parece fortalecida com o tempo. Nossa língua também é múltipla, intercalando palavras em inglês, espanhol e francês, as três línguas que Doreen domina, como poucos intelectuais britânicos multilíngues. Transitamos assim por múltiplos espaços, reconstruindo o nosso. Já não se trata apenas de reconhecer o múltiplo, mas de transitar por ele e vivê-lo, e nosso diálogo também viaja pelo mundo: do Podemos espanhol ao Syriza grego, das férias em que estivemos juntos no Lake District e nas praias de Jericoacoara aos planos de nossas viagens à Argentina e à França no segundo semestre, dos colegas da Open University britânica e da AAG nos Estados Unidos aos da UFF e da UEPG no Brasil, das ações do radicalismo islâmico às conquistas do movimento LGBT, do carinho de nossas irmãs às histórias de meu pai aos 88 anos, da alegria da família que comemora o aniversário, na mesa ao lado, ao africano que a parou na rua para mostrar o voo dos pássaros que acabam de chegar da África do Sul para o verão do Norte... Um pouco como esses pássaros sem fronteiras, mas que também constroem ninhos, festejamos a diferença acolhedora que o estar juntos proporciona: voamos pelo mundo, mas nosso ninho continua sendo tenazmente construído nesses lugares-momentos, ao mesmo tempo fugazes e arraigados, suaves e profundos, nos quais se efetiva a mais genuína expressão do sentimento humano de partilha e companheirismo.

Londres, 16 de julho de 2015.

Em março de 2016, estas páginas já terminadas, subitamente Doreen não teve/ não fez mais lugar neste mundo. Assim, sem nossos encontros, Londres como lugar nunca mais será a mesma. Mas, como ela dizia, no espaço — ou em um lugar — enquanto imbricação de múltiplas trajetórias, muitas conexões se vão, desaparecem, mas sempre novas conexões poderão/deverão ser feitas. Que cada um, entre fixação e errância, entre perdas que, pelo menos numa escala humana, podem ser absolutas, e ganhos que são sempre relativos, consiga, ainda que com muita luta e persistência, fazer de seu espaço, efetivamente, um lugar. Lugar onde se sinta presente, inteiro, e onde a diferença, mais do que uma marca distintiva ou uma desigualdade que separa, seja um estímulo para romper e/ou recompor limites, conhecendo, sentindo e partilhando os sofrimentos e as alegrias do Outro.

Este livro foi impresso em papel
Pólen Soft 70g/m² na Gráfica Stamppa.